Allaramadji Beyaitan Bantin
Xia Jun

Poluição da água no Chade: Impacto ambiental e de saúde

Allaramadji Beyaitan Bantin
Xia Jun

Poluição da água no Chade: Impacto ambiental e de saúde

Os Riscos Ambientais Relacionados com a Libertação de Resíduos Tóxicos Industriais e Domésticos no Ambiente Aquático do Chade

ScienciaScripts

Imprint
Any brand names and product names mentioned in this book are subject to trademark, brand or patent protection and are trademarks or registered trademarks of their respective holders. The use of brand names, product names, common names, trade names, product descriptions etc. even without a particular marking in this work is in no way to be construed to mean that such names may be regarded as unrestricted in respect of trademark and brand protection legislation and could thus be used by anyone.

Cover image: www.ingimage.com

This book is a translation from the original published under ISBN 978-613-5-82875-7.

Publisher:
Sciencia Scripts
is a trademark of
Dodo Books Indian Ocean Ltd. and OmniScriptum S.R.L publishing group

120 High Road, East Finchley, London, N2 9ED, United Kingdom
Str. Armeneasca 28/1, office 1, Chisinau MD-2012, Republic of Moldova, Europe
Printed at: see last page
ISBN: 978-620-5-76295-0

ÍNDICE

AVALIAÇÃO DOS RISCOS AMBIENTAIS RELACIONADOS COM A LIBERTAÇÃO DE RESÍDUOS TÓXICOS INDUSTRIAIS E DOMÉSTICOS NO AMBIENTE AQUÁTICO DO CHADE

<u>SÍNTESE</u>

Para as necessidades humanas e o equilíbrio dos ecossistemas aquáticos, a qualidade da água deve ser boa. O homem, através das suas actividades, contribui para a degradação da água, e isto perturba as actividades humanas, o equilíbrio entre o ambiente natural e as espécies animais e vegetais que vivem neste ambiente. Para além da sua situação geográfica, o Chade goza de uma relativa abundância de rios e cursos de água, o que lhe proporciona muitas vantagens. Estes rios e cursos de água, que fornecem água a explorações agrícolas, industriais e comerciais, asseguram também a manutenção do lençol freático e a perenidade de ambientes de vida selvagem heterogéneos. Apesar destes rios e riachos estarem sujeitos a riscos climáticos, o Chade permanece entre os países do mundo onde os rios e riachos são muito peixinhos, mas parece que os resultados obtidos no estado de qualidade físico-química das águas do Chari realçam o impacto da poluição gerada pelas descargas de águas domésticas, agrícolas e industriais.

Este estudo, relativo ao ambiente, permitiu-nos abordar a questão ambiental do Chade. As várias formas de poluição, poluição industrial, poluição agrícola, lixo, matéria fecal, resíduos biomédicos, actividades humanas são a principal causa destes problemas bem como dos fenómenos naturais, sem esquecer a ineficácia das políticas governamentais.

CAPÍTULO 1: Libertação de resíduos tóxicos industriais no meio aquático

Introdução

A utilização indiscriminada de recursos e a eliminação de resíduos no ambiente contribuem para a degradação do nosso ambiente. Esta degradação tem implicações para a saúde humana, a economia, a produção alimentar, a flora e a fauna.

O Chari, um dos rios mais importantes da África Central, recebe numerosas descargas urbanas e industriais da fronteira do Chade com a República Centro-Africana do Lago Chade. Estas chamadas substâncias poluentes têm um impacto bastante pesado nos vários ecossistemas e são altamente dependentes das suas interacções com o ambiente circundante. Elas acumulam-se na água e consequentemente nos seres vivos que as ingerem no seu organismo. A deposição de vários materiais residuais em rios, estuários e águas marinhas não é um fenómeno moderno; **(Ludwig e Gould, 1988; Islamismo e Tanaka, 2004).** O objectivo deste trabalho é dar uma ilustração detalhada do efeito das descargas industriais no ambiente e na saúde humana. Algumas acções correctivas devem também ser ilustradas no conteúdo deste trabalho, para superar a contaminação das descargas industriais.

I. Fontes de poluição

Os poluentes raramente são descarregados directamente nos aquíferos subterrâneos, a maioria dos contaminantes metálicos susceptíveis de chegar às águas subterrâneas passam através do solo. O aumento destes poluentes é a principal causa da degradação da qualidade das águas subterrâneas e principalmente das águas subterrâneas mais vulneráveis. O estabelecimento de depósitos de lixo ao ar livre, o cultivo intensivo de terrenos agrícolas nos perímetros irrigados, as lixeiras públicas que produzem uma enorme quantidade de lixiviação rica em azoto, por um lado, e a criação das zonas industriais de "por outro, deram origem, nos últimos anos, ao problema da poluição dos recursos hídricos subterrâneos por nitratos. Em geral, os nitratos movem-se lentamente no solo e nas águas subterrâneas: existe uma latência de aproximadamente 20 anos entre a actividade poluente e a detecção do poluente nas águas subterrâneas. Vários factores influenciam a mobilidade dos nitratos no solo e a poluição das águas subterrâneas: Os factores intrínsecos do ambiente físico que determinam o grau de vulnerabilidade do lençol freático à poluição, tais como o nível da superfície livre das águas subterrâneas, a profundidade das águas subterrâneas, a permeabilidade do solo, a textura e o teor de argila, a direcção do fluxo das águas subterrâneas, e o teor de matéria orgânica e azoto do solo. Factores dinâmicos incluindo os processos que regem o regime de humidade do solo e os processos de transformação biogeoquímica e de transferência de nitratos na camada insaturada do solo.

II. Poluição química ou industrial

A química das águas residuais reflecte as actividades humanas. As actividades industriais, agrícolas e municipais são representadas pelas águas residuais produzidas em cada uma delas **(Timothy G. Ellis, 2001-2017)** Quase todos os estabelecimentos industriais utilizam água para a produção de vários materiais e para o seu arrefecimento. Assim, as águas utilizadas nestas indústrias são rejeitadas por estarem mais ou menos poluídas.

As indústrias no Chade estão concentradas em N'Djamena, Moundou, e Sarh. Os lançamentos destas indústrias em termos de volume de águas residuais e composição química não são conhecidos, uma vez que não é feita qualquer publicação sobre a caracterização de poluentes no sector industrial.

<u>A.</u> <u>Indústria de transformação de açúcar Banda / Sarh (Chade)</u>

O principal objectivo desta indústria é o cultivo da cana de açúcar e a produção de açúcar refinado em pedaços ou pães e doces a partir da cana de açúcar necessários para a comercialização, com um volume de produção anual superior a 2,2 mil milhões de toneladas são as primeiras culturas do mundo cultivadas em mais de 23% da produção agrícola total do mundo. As águas residuais do Chade provêm da lavagem da cana de açúcar, da sala da caldeira, da limpeza do sumo nas estações de evaporação e de cozedura, da refinação e da limpeza do quintal. Estas descargas industriais não devem ser descarregadas no rio Chari, mesmo após purificação biológica, porque estas substâncias presentes nestas descargas industriais podem ser perigosas para o ambiente aquático e para o homem (em caso de banho ou ingestão).

<u>B.</u> <u>Sociedade Chad de Algodão</u>
<u>1.</u> <u>Ginning</u>

A sociedade chadiana do algodão tem uma dúzia de indústrias de descaroçamento na zona sul. As fábricas de descaroçamento separam o algodão do grão após a remoção da matéria estranha e procedem à embalagem para exportação. Para poder utilizar a fibra, os constituintes não celulósicos devem ser removidos. O algodão bruto ou de preferência a fibra e as fibras são primeiro cozidos em soluções alcalinas de carbonato de sódio e hidróxido de sódio. Esta operação, que remove as pectinas contidas no algodão, é seguida de branqueamento em soluções diluídas de cloreto de cálcio e outros compostos clorados, seguido de tratamento com ácidos diluídos. Após cada operação, os materiais tratados são cuidadosamente enxaguados com água. O tingimento do algodão requer a utilização de alguns químicos, tais como formaldeído, água, e energia. O descaroçamento é um processo muito mecânico, geralmente acompanhado de incómodos acústicos e poeira pesada.

Note-se que estas águas residuais são excessivamente consumidas, sendo a maioria dos materiais de águas residuais biodegradáveis. Contudo, é possível que alguns compostos que atingem a água causem, durante a sua degradação, uma redução do nível de oxigénio abaixo do limiar exigido e desencadeiem um processo de putrefacção da água. Nestas águas residuais, vários tipos de poluentes: corantes de certos tensioactivos degradáveis, decantadores, metais pesados: cádmio, mercúrio (introduzido pela soda cáustica e ácido clorídrico), crómio (processo de tingimento), cobalto, cobre e zinco, hidrocarbonetos uma carga poluente de maior preocupação (operação de lubrificação), compostos organoclorados, tensioactivos / detergentes, temperatura da água, pH: a empresa descarrega em parte águas ácidas e em parte águas alcalinas. O pH das águas residuais do algodão é geralmente alcalino. Estas águas residuais podem causar doenças graves nos seres humanos, tais como o cancro. A maioria dos doentes com cancro testados mostrariam um pH de 4 - 5, muito ácido! Esta acidez do tecido corporal expulsa o oxigénio que dá saúde. O cancro prospera num ambiente ácido deficiente em oxigénio, um perecer em meio alcalino, pH elevado, ambiente **(http://osumex.com/ phealth.php)**.

2. Planta oleaginosa

A fábrica de óleo em Moundou está sob a supervisão da sociedade chadiana do algodão e produz óleo puro e refinado a partir de amendoim e grãos de algodão. O hexano é utilizado para extrair óleos comestíveis de sementes e vegetais, como solvente de uso especial, e como agente de limpeza. A exposição aguda (a curto prazo) por inalação de humanos a níveis elevados de hexano causa efeitos suaves no sistema nervoso central (SNC), incluindo tonturas, vertigens, náuseas ligeiras, e dores de cabeça. A exposição crónica (a longo prazo) ao hexano no ar está associada à polineuropatia nos seres humanos, com dormência nas extremidades, fraqueza muscular, visão turva, dor de cabeça, e fadiga observada **(documentos / hexane.pdf, 2016-09 /)**. O processamento de sementes oleaginosas ou partes de sementes oleaginosas é realizado em três fases: extracção de óleo, refinação de óleo, e acondicionamento de óleo. Estas águas residuais são descarregadas directamente no rio Logone, enquanto que a lavagem de uma tonelada de óleo vegetal requer cerca de 0,9 m^3 de água de lavagem e produz cerca de 0,17 m^3 de águas residuais contendo ácido sulfúrico. As águas residuais contêm as seguintes substâncias: sulfato de sódio, fosfato de cálcio, ácido gordo, mono di triglicéridos, glicerina, lecitina proteica, aldeídos, cetonas, esteróis de lactonas.

3. Sabão

A fábrica de sabão é uma subsidiária da COTONTCHAD, fabrica sabão de linho a partir de óleo de algodão e soda. Todos os subprodutos (glicerina) e resíduos dos aditivos (agentes anti-calcário, fosfatos, conservantes, etc.) são directamente rejeitados no rio Logone, onde constituem um problema para o ambiente por serem não biodegradáveis.

C. As cervejarias

Duas cervejeiras estão localizadas no Chade, uma em Moundou e a outra em N'Djamena. Estas cervejeiras produzem cerveja, refrigerantes e água mineral dos furos. Para a lavagem e limpeza, as cervejeiras utilizam produtos químicos como soda cáustica, lixívia, e ácido nítrico. Os efluentes podem atingir as seguintes características: variação de pH de 0,8 a 13; temperatura que varia entre 20 e 50 ° C. Águas residuais de cervejeiras que contêm matéria orgânica solúvel e matéria em suspensão insolúvel (levedura, etc.) é descarregada no rio Logone pela Cervejaria Moundou e no rio Chari pela Cervejaria Ndjamena.

D. Os Matadouros

O objectivo da Sociedade Moderna de Matadouros no Chade é o abate, conservação e transporte das carcaças de gado grande e pequeno para o fornecimento de carne fresca. As águas residuais dos matadouros são também descarregadas no rio Shari. As águas residuais dos matadouros contêm sangue, plasma, conteúdo das barrigas, detritos intestinais e de pele, desinfectantes, urina, excrementos ... A maior parte do estrume dos matadouros é utilizado como fertilizante para tratamento prévio ou controlo de qualidade (arsénio, antibiótico, fósforo ...). O principal risco das águas residuais dos matadouros é o risco microbiológico (parasitas, bactérias e vírus). Contudo, o risco químico do azoto (nitrato) e do fósforo e dos poluentes emergentes (resíduos de drogas) não deve ser subestimado.

Figura 1: Outlet para matadouros frigoríficos de N'Djamena

E. Poluição Agrícola

A contaminação das águas superficiais e subterrâneas com nitratos e pesticidas é um problema para a produção de água para consumo humano, particularmente em áreas agrícolas. De facto, embora o sector agrícola seja um dos muitos responsáveis pela deterioração da qualidade da água, a sua responsabilidade é particularmente realçada quando se trata deste tipo de poluição.

Os pesticidas utilizados na agricultura irrigada ganham água através do escoamento superficial, fissuras no solo e drenagens. Também foram relatados graves incidentes de poluição, que também podem apoiar fosfatos e pesticidas à sua superfície, de culturas e métodos culturais inadequados susceptíveis de agravar estes problemas. Após aplicação nas culturas, os pesticidas podem entrar na água a partir de uma fonte pontual ou de múltiplas contaminações difusas.

A sensibilidade aos pesticidas nas águas superficiais varia geograficamente de acordo com as características do solo, taxas de aplicação, persistência e toxicidade dos pesticidas utilizados.

Nas últimas décadas, a industrialização da agricultura chadiana tem causado múltiplos impactos ambientais. O sector agrícola tornou-se a principal fonte económica de contaminação de várias fontes de água potável no Chade.

Tal como os nutrientes, as taxas de utilização de pesticidas na maior parte do norte do Chade são muito baixas devido à escassez de chuva e poluição da água por pesticidas em grande escala com culturas irrigadas como arroz, taro, e cana de açúcar no sul do Chade. O risco de poluição por pesticidas depende da sua solubilidade, da sua mobilidade no solo e da sua taxa de degradação.

Em todos os casos, a lixiviação de nitrato das águas subterrâneas e subterrâneas em relação aos campos de arroz é baixa em comparação com as culturas alimentadas pela chuva e os estaleiros na causa da desnitrificação.

No Chade, mais de 30.000 hectares são irrigados. Esta área está sujeita a degradação severa como um todo.

Trata-se de descargas agrícolas líquidas de escoamento de água de irrigação que resultam em fertilizantes, pesticidas, herbicidas, ou descargas orgânicas de grandes operações pecuárias. Pesticidas e fertilizantes contaminam as águas subterrâneas por infiltração mas sobretudo os cursos de água onde acentuam o fenómeno da eutrofização, ou seja, o esgotamento dos rios em oxigénio devido ao desenvolvimento exponencial de algas aquáticas que ao rejeitarem o CO2 asfixiam outros seres vivos. A contaminação das águas superficiais e subterrâneas com nitratos e pesticidas é um problema para a produção de água para consumo humano, particularmente nas zonas agrícolas. De facto, embora o sector agrícola seja um dos muitos responsáveis pela deterioração da qualidade da água, a sua responsabilidade é particularmente realçada quando se trata deste tipo de poluição.

Os pesticidas utilizados para o cultivo irrigado ganham água através do escoamento superficial, fissuras e drenagens do solo. Incidentes graves de poluição aguda podem afectar organismos aquáticos, assim como a carga de lodo formada por partículas de solo erodidas, que também podem conter fosfatos e pesticidas ligados à sua superfície, culturas e técnicas culturais impróprias são susceptíveis de agravar estes problemas. Após aplicação nas culturas, os pesticidas podem penetrar na água a partir de uma fonte pontual ou múltiplas contaminações difusas.

A sensibilidade aos pesticidas nas águas superficiais varia geograficamente de acordo com as características do solo, taxas de aplicação, persistência e toxicidade dos pesticidas utilizados.

Nas últimas décadas, a industrialização da agricultura chadiana tem causado múltiplos impactos ambientais.

- Cultivo de cana-de-açúcar

No entanto, a cultura da cana de açúcar, que está localizada em Banda, a 25 km de Sarh, no sudeste do país, tem 22 km de comprimento e 4 km de largura ao longo do rio Chari. 11.000 ha, divididos em dois perímetros localizados na margem esquerda do rio Chari. Para o melhor rendimento agrícola e a melhor qualidade, a empresa açucareira do Chade está constantemente a utilizar produtos químicos como o azoto, potássio, fósforo e pesticidas. Esta empresa cultiva cana de açúcar desde 1970, com seis estações de bombagem de água do rio Chari, cada uma das quais consome, por hora e por dia, mais ou menos nove meses em doze do ano, 800 m3. Esta enorme quantidade de água consumida pelo cultivo da cana de açúcar irá, a longo prazo, afectar a quantidade e a qualidade das águas subterrâneas.

Também notamos que os efeitos dos baixos níveis de pesticidas e nitratos durante longos períodos de tempo colocam muitos problemas de saúde. Estudos científicos mostram-nos que as pessoas expostas a pesticidas são mais propensas a desenvolver cancro, malformações congénitas, problemas de infertilidade, problemas neurológicos ou enfraquecimento do sistema imunitário. São mostrados riscos indirectos relacionados com o consumo de crustáceos ou natação.

Tal como os nutrientes, as taxas de utilização de pesticidas na maior parte do norte do Chade são muito baixas devido à escassez de chuva (área desértica) e a poluição da água por pesticidas é menor, mas com culturas irrigadas como arroz, taro, e cana de açúcar no sul do Chade. O risco de poluição por pesticidas depende da sua solubilidade, da sua mobilidade no solo e da sua taxa de degradação. Contudo, a lixiviação de nitratos nas águas superficiais e subterrâneas dos arrozais é baixa em comparação com a das culturas alimentadas pela chuva e dos pátios devido à desnitrificação.

- Cultura do Algodão

Só o algodão representa 12% da área cultivada nacional; está concentrado na zona sudanesa, onde representa 22% das culturas de superfície, com mais de 200.000 pequenos produtores (a população de algodão é considerada como sendo de 2 milhões de pessoas). Foi registada uma produção de 220.000 t para a época 2004-2005. As culturas requerem factores de produção bastante grandes, na ausência dos quais os rendimentos caem. Entre os factores de produção encontram-se também pesticidas, cujo controlo tem sido muito deficiente até à data.

F. Poluição Mineira

As actividades mineiras referem-se principalmente à pesquisa de ouro e diamantes perto da fronteira da República Centro Africana e das regiões de Tandjild e Mayo-kebbi.

Esta procura de diamantes localmente aumenta o fluxo sólido dos rios, o que poderia perturbar a migração ou reprodução dos peixes nos cursos de água temporários do sudeste do Chade.

A extracção de ouro também contribui para aumentar a carga de partículas dos rios, mas o risco mais importante é a poluição por mercúrio utilizada para amalgamar o pó de ouro. O mercúrio é tóxico quando difundido na atmosfera e na água, especialmente quando forma complexos com a matéria orgânica dissolvida. Embora existam outras técnicas menos poluentes para a extracção do ouro, parece que o mercúrio é utilizado no mayo-kebbi. Para este fim, faltam os dados e deve ser feito um inventário para avaliar o estado actual da concentração em ambientes aquáticos. Mais uma vez, o peixe é um indicador útil.

G. <u>Jardinagem urbana.</u>

A actividade normal de uma horta produz resíduos: orgânicos, claro (mondadura, topos de vegetais, tamanho das plantas...) mas também embalagens vazias (sacos de terra...), vários plásticos (sombra de velas, invernada...), lixo. No Chade, os esgotos de todos os tipos são utilizados para a jardinagem. Por vezes há a presença de resíduos perigosos que são uma fonte de poluição a diferentes níveis. Deve dizer-se que alguns vegetais são mais susceptíveis de conter vestígios de poluição, tais como vegetais de raiz, tais como cenouras ou nabos. Depois vêm os vegetais de folhas como saladas, feijões e espinafres, depois os vegetais de fruta como o tomate ou abóbora. Tenha cuidado também com plantas aromáticas que, por serem perenes, acumulam poluentes ao longo dos meses. Resta-lhe lavar os seus produtos para se livrar dos poluentes.

O solo, um recurso não renovável, é também objecto de muitas ameaças, as mais graves das quais são a erosão, compactação, salinização, impermeabilização, e poluição. É o receptáculo preferido para muitas substâncias poluentes fornecidas voluntariamente no contexto de práticas agrícolas (fertilizantes e emendas, tratamentos fitossanitários, disseminação de resíduos e subprodutos de actividades urbanas e industriais) ou involuntariamente dependendo do seu ambiente imediato. (deposição atmosférica). Os compostos poluentes que chegam aos solos são de várias naturezas (pesticidas, oligoelementos, hidrocarbonetos...) e têm diferentes remanências nos solos. Constituintes dos materiais das tecnologias modernas, os metais vestigiais estão dispersos no ambiente por actividades humanas. Não biodegradáveis, acumulam-se nos solos levando a um inevitável aumento das suas concentrações ao longo do tempo. Podem então exercer acções tóxicas sobre organismos cuja aparência e amplitude dependem das doses presentes, do meio receptor - a sua capacidade de sequestrar poluentes - e da sensibilidade do organismo.

A incineração de resíduos por indivíduos coloca um problema real de ambiente e saúde pública. Realizada ilegalmente no fundo dos jardins, esta incineração polui o ar e o solo e apresenta riscos para a saúde: a libertação de dioxinas e furanos considerados cancerígenos, fumos tóxicos que irritam as vias respiratórias, etc.

A incineração de resíduos num "queimar tudo" é sempre à temperatura insuficiente, o que tem o efeito directo de gerar muitos poluentes que são encontrados directamente nos fumos.

As partículas finas que compõem o fumo penetram profundamente nos pulmões e irritam as vias respiratórias e podem desempenhar um papel no desencadear de ataques de asma.

Finalmente, se a combustão tiver lugar num ambiente fechado, o monóxido de carbono representa um perigo de intoxicação.

H. <u>A Fábrica de Cimento de Pala-Chad</u>

O cimento vem da trituração do clínquer. Este último é o material obtido pela calcinação a alta temperatura de uma mistura argilo-calcário. O cimento divide-se em duas categorias: cimento natural e cimento artificial. O cimento artificial existe em múltiplas categorias. O cimento Portland é o mais conhecido e mais utilizado na maioria dos países. A composição química do cimento portland normal é a seguinte:

- Óxido de cálcio 60 a 70%
- Sílica total 19 a 24%
- Óxido férrico 2 a 6%
- Óxido de magnésio <5%
- Óxido de alumínio 4 a 7%

O cimento Portland é produzido a cerca de 40 km de Pala, na área de Mayo Kebby West, especificamente na aldeia de Bissi-keda.

É uma aldeia cujos habitantes têm como actividade principal a criação, a pesca artesanal associada à agricultura. Os habitantes vivem à volta da planta e das pedreiras e correm um grande risco devido aos depósitos de pó de cimento, uma vez que o abastecimento de água da aldeia se encontra em poços tradicionais pouco profundos. O lençol freático está situado a cerca de 3 metros acima do solo. Os poços não estão geralmente fechados.

I. Petróleo

A refinaria de petróleo de Djermaya, localizada 50 km a norte de N'Djamena, é uma verdadeira jóia e centro económico do país. Polui consideravelmente o ambiente aquático.

Estas águas residuais contêm geralmente produtos químicos perigosos, incluindo hidrocarbonetos, fenol, azoto amoniacal e outros. Os metais pesados estão presentes em todos os tipos de água de refinaria. Podemos mencionar entre outros os metais pesados tais como Cd, Cr, Cu, (Hg), Pb, Ni, (Sn), Zn.

J. <u>Empresas de soldadura</u>

De acordo com Ngaram, os processos de soldadura libertam entre outros os seguintes poluentes: chumbo (Pbo), crómio (Cr), cádmio (CdO), cobre (CuO), manganês (MnO), níquel (NiO), azoto (NO_2), zinco (ZnO). Também são encontrados óxido de alumínio (Al_2O_3), óxido de ferro (III) (Fe_2O_3), iões fluoreto (F-), óxido de cálcio (CaO), hidróxido de sódio (Na_2OH), óxido de titânio (TiO_2), óxido de vanádio (V_2O_3).

Pintura: A maioria das tintas contém quantidades significativas de solventes (orgânicos) à base de hidrocarbonetos ou hidrocarbonetos clorados e corantes, pigmentos (tóxicos) muito finamente distribuídos. As pinturas contêm amianto e metais para a protecção das estruturas contra a corrosão.

Óleos de drenagem: Mineral ou sintético, o dreno de óleo revela-se particularmente tóxico e nocivo para a saúde como para o ambiente. Fuligem (compostos químicos resultantes da combustão incompleta de combustível, gasolina, querosene), resinas, metais pesados (Al, Cr, Mo, Fe, Cu, Sn, Pb, Ar), ácidos e outros componentes químicos. O óleo de excrementos muito tóxicos perturba os processos de purificação biológica. Por exemplo, um litro de óleo usado pode cobrir 1 000 m3 de água e impedir a oxigenação da flora e da fauna durante anos.

K. <u>Riscos químicos de contaminação de águas subterrâneas na cidade de Ndjamena</u>

Em Junho de 2013, foram analisados 52 furos equipados com bombas manuais localizados na cidade de N'Djamena. Além disso, foram também testados 13 furos da empresa local de abastecimento de água (STE). Além disso, algumas amostras mostram concentrações elevadas de amónio (17%), nitrato (4,6%) ou nitrito (23%). Estas duas últimas são consideradas como causadoras de morte por asfixia em bebés e são cancerígenas por exposição prolongada. O amónio não é perigoso para a saúde humana, mas pode ser rapidamente oxidado a nitrato em condições oxigenadas.

A elevada concentração de flúor na água potável é outro risco para a saúde devido à exposição a longo prazo.

Em N'Djamena 40% das amostras mostram uma concentração elevada de flúor acima de 0,5 mg/l, o que pode causar fluorose dentária por exposição prolongada.

Além da contaminação microbiana, algumas das 65 amostras mostram também concentrações elevadas de compostos de azoto, quer nitrito (23%), amónio (17%), e/ou nitrato (4,6%), que são também um indicador de poluição induzida pelo homem. De acordo com o padrão de água potável da OMS, o nível de nitratos e nitritos na água potável não deve exceder 50 mg/l e 0,2 mg/l para exposição a longo prazo, respectivamente. As elevadas concentrações de nitrato e nitritos são consideradas como causadoras de morte por asfixia em bebés devido à metemoglobinemia. Além disso, são também considerados como cancerígenos por exposição prolongada. Em N'Djamena quatro amostras mostram concentrações elevadas de nitrato entre 25 mg/l e 50 mg/l, mas não excedem o limite da OMS.

Contudo, a concentração de nitritos, que é mais potente do que os nitratos no que diz respeito à metemoglobinemia, excede o limite de exposição a longo prazo em 25 % dos furos.

A elevada concentração de flúor na água potável é outro componente perigoso para a saúde com exposição a longo prazo. Pode causar fluorose dentária e osteoporose esquelética. Como já demonstrado em outros estudos de qualidade das águas subterrâneas na bacia do Lago Chade, existem sérios riscos devido à elevada concentração de flúor. Em N'Djamena 40% das amostras mostram uma concentração elevada de fluoreto acima de 0,5 mg/l, mas nenhuma delas excede o limite da OMS de 1,5 mg/l.

Não foi detectado um risco sanitário devido à elevada concentração de metais pesados como o alumínio, arsénio, chumbo, cádmio, cobre, níquel, zinco na água potável. No entanto, 44,6% das amostras mostram concentrações elevadas de ferro (>0,3 mg/l) e/ou manganês (>0,2 mg/l), o que produz mau sabor da água, manchas de roupa e entupimento dos canos. Com base nos resultados deste estudo, é altamente recomendável às autoridades nacionais, STE e LCBC, propagar uma melhor gestão e protecção das tubagens que fornecem água potável em N'Djamena, bem como a protecção das águas subterrâneas contra a poluição. Além disso, é altamente recomendada uma sensibilização da população no tratamento da água doméstica, saneamento e melhoria da higiene para reduzir o risco para a saúde.

<u>CAPÍTULO 2</u>: **Poluição doméstica**

Nas zonas urbanas nas zonas rurais, os países da África subsahariana sofrem cruelmente com a falta de água potável. Entre as fontes de águas subterrâneas, as águas subterrâneas são tradicionalmente a fonte preferida de água potável, uma vez que são protegidas de poluentes apenas pelas águas superficiais **(Guergazi et al., 2005).** O consumo de água poluída é um perigo para a saúde. Segundo a OMS (2017), 1,6 milhões de pessoas morrem anualmente de doenças diarreicas (incluindo cólera) devido à falta de acesso a água potável segura e saneamento básico, 90% destas pessoas são crianças com menos de cinco anos, a maioria vivendo em países em desenvolvimento, e 160 milhões de pessoas contraíram esquistossomose, resultando em dezenas de milhares de mortes por ano.

No entanto, o estabelecimento de lixeiras ao ar livre, aterros sanitários que produzem muita lixiviação rica em azoto, geraram nos últimos anos o problema da poluição dos recursos de águas subterrâneas por elementos tóxicos. No Chade, a água provém ou de uma fonte de água superficial (rio e Marigot), de um poço tradicional ou de torneiras.

Estas águas de poços tradicionais e águas de superfície (rio, marigots) estão cada vez mais contaminadas e continuam a ser as principais fontes de água potável para a população. Nas áreas de planície de inundação do Chade, as águas subterrâneas são muito superficiais, de modo que durante as estações chuvosas alguns poços abertos são submersos pela água.

O aumento destes poluentes é a principal causa da degradação da qualidade das águas subterrâneas e principalmente dos lençóis freáticos mais vulneráveis.

1. <u>Tipos de águas residuais domésticas</u>

A poluição doméstica é o impacto de uma descarga contendo poluentes de origem doméstica por actividades domésticas

Existem dois tipos de águas residuais domésticas:

J de lavagem ou água doméstica, que vem de casas de banho e cozinhas e é geralmente carregada com gordura, detritos orgânicos, detergentes, solventes;

J o esgoto, que vem da sanita e é carregado com várias substâncias orgânicas azotadas e germes fecais.

A poluição diária produzida por uma pessoa é avaliada em:

- 70 a 90 g de matéria em suspensão,

- 60 a 70 g de matéria orgânica,

12 a 15 g de material azotado,

- 3 a 4 gramas de fósforo,

- vários milhares de milhões de germes por 100 ml.

2. <u>Poluição por resíduos domésticos</u>

Poluição do lixo significa lixo cívico, particularmente lixo doméstico, em locais não designados para o eliminar. É principalmente causada por má gestão de resíduos sólidos quando o lixo não é retirado das ruas e áreas para ser transportado para aterros para a sua eliminação final. Tudo isto se deve a um mau sistema de recolha de lixo ou à sua eliminação **(http://www.pollutionpollution.com/2012/07).**

No Chade, o ambiente aquático está a ser cada vez mais sujeito a descargas voluntárias de resíduos humanos: urina, fezes (águas sanitárias) e águas sanitárias e limpeza de solos e alimentos (águas residuais domésticas). Estas águas são geralmente constituídas por matéria orgânica degradável e matéria mineral, estas substâncias estão em forma dissolvida ou em suspensão. A cidade de N'Djamena, que tem quase um milhão de habitantes, produz 800 toneladas de resíduos sólidos por dia e apenas 400 toneladas são regularmente removidas.

Figura 2: Lixo doméstico de Ndjamena

A gestão de resíduos é um dos maiores desafios da gestão urbana nos países da África Subsaariana. As actuais dificuldades na gestão de resíduos sólidos são o resultado de um fraco domínio de conceitos, abordagens e técnicas **(Alabater, 1995).**

Os resíduos domésticos são regularmente retirados dos pátios de concessão para serem atirados para a rua por cima das vedações, ou abandonados nas proximidades de caixotes do lixo, ou de lixeiras de crude individuais, na frente das casas.

E, no caso específico de N'Djamena, a insalubridade da cidade resultou unicamente da incapacidade da câmara municipal em assegurar a recolha de lixo doméstico de serviço público.

Em muitos casos, apesar das campanhas sanitárias organizadas pelo município de Ndjamena ou pelos vários comités de saneamento, o lixo acumula-se e forma zonas de reprodução para a proliferação de vectores de doenças. A decomposição do lixo cria maus cheiros que dificultam as populações circundantes. Nestes locais de armazenamento selvagens, infiltra-se a água da chuva e polui a água dos poços próximos. Nas planícies aluviais, as águas subterrâneas são muito pouco profundas, de modo que durante as estações chuvosas alguns poços abertos são submersos pela água. Uma quantidade considerável de sacos plásticos de polietileno preto (PET) de 2 toneladas polui a capital chadiana por dia, mais de 400.000 unidades. Estas embalagens utilizadas por todos os segmentos da população espalham-se por toda a cidade. Não biodegradáveis, estas embalagens pretas constituem actualmente um obstáculo definitivo na gestão do lixo.

N'Djamena City	Gross amount	Solid waste without sands	Solid waste without sands, without papers, without plastics	Solid waste without compostable material
Quantity	617 tons/day	351 tons/day or 57 %	332 tons/day or 53 %	250 tons/day or 40 %
Volume	1 793 m³/day	1 039 m³/day or 58 %	977 m³/day or 54 %	629 m³/day or 35 %
Average/subscriber	10,4 kg/day			
	30 l/day			
Pre-collection Cost		13,6013 USD per subscriber/ year		
Pre-collection Cost		3,58018 USD/tons		
Production	3,8 tons/year/subscriber			

Fonte: Serviços Técnicos do Livro Branco. N'DJAMENA, Nov 2000

Quadro 1: Resíduos sólidos produzidos diariamente em N'Djamena

Qualquer depressão ou pedreira velha pode servir como lixeira. O lixo é também utilizado como material de aterro, o que pode colocar problemas significativos com infiltrações e contaminação do lençol freático.

Figura 3: lontras não esfregadas pela cidade de Ndjamena ha

As sarjetas não esfregadas pelo Município, particularmente nos distritos periféricos, fazem-nos temer o pior. Cheias de lixo de todos os tipos, estas caleiras lutam para drenar a água da chuva para o rio Chari. Consequentemente, as cheias e os seus corolários são frequentes na capital chadiana e todos os anos, o cenário é o mesmo.

Figura 4: Inundação na cidade de Ndjamena

3. <u>Esgotos de cozinha, lavandaria e sanitários</u>

Em geral, a água utilizada para cozinhar e lavar é espalhada ou na concessão, na rua ou simplesmente despejada na sarjeta de drenagem de águas pluviais. Estas caleiras, de poço aberto, são geralmente bloqueadas por resíduos e já não podem assegurar uma drenagem adequada.

A água da casa de banho nos bairros tradicionais é recolhida perto da rua adjacente ao WC. Estas águas são despejadas num meio barril de cinquenta litros que é esvaziado directamente na rua pelos utilizadores durante a noite. Estas águas transbordam e invadem o caminho para formar, com a água da cozinha e da lavandaria, pequenas lagoas. Esta estagnação gera locais favoráveis à proliferação de mosquitos, moscas e outros vectores de doenças.

Algumas famílias utilizam poços cavados pela técnica tradicional. As dimensões não são estudadas tendo em conta a natureza do solo. Também não há material filtrante. Tentamos alcançar uma camada arenosa, infelizmente muitas vezes em contacto com um aquífero em que abastece o poço vizinho dentro da mesma concessão.

Instalações "modernas" tais como fossas sépticas existem apenas em bairros residenciais ou entre famílias ricas (comerciantes ou funcionários de alto nível). Algumas fossas estão ligadas a uma fossa; isto aumenta consideravelmente a duração da fossa.

A descarga final das águas residuais é geralmente feita ou por evaporação da água espalhada no solo ou por fluxo para o rio por caleiras abertas quando não bloqueadas por lixo ou outros detritos. As águas residuais não recebem qualquer tratamento para além da decomposição natural e quaisquer águas residuais que sejam

descarregado no rio não é, de facto, tratado.

Figura 5: Estagnação de água usada atrás de uma casa de família   Figura   6: Eliminação de águas residuais domésticas numa r
ua em N'Djamena

No Chade, 54,46% dos agregados familiares ligavam as suas latrinas e sanitários a caleiras ou barrancos abertos. A água de tintura e outras actividades informais são imediatamente atiradas para a rua. A nível das discotecas, restaurantes e bares, a gestão das águas residuais não está assegurada.

4. <u>Poluição da água por matéria fecal</u>

No Chade, os excrementos são depositados na natureza, ou em "latrinas tradicionais", de facto, simples latrinas ou poços. A duração da utilização depende da profundidade da fossa e do número de utilizadores. O número de crianças num concessionário muda drasticamente a vida da fossa. O volume de excrementos por pessoa por ano no ambiente tradicional é estimado em 0,1 m3. Este volume deve ser verificado quando sabemos que uma grande parte da população pratica a limpeza ritual a húmido. Em princípio, as águas desta limpeza são recolhidas separadamente, depois misturadas com água cinzenta. As fossas sépticas modernas só se encontram em bairros residenciais e entre alguns funcionários públicos e comerciantes de alto rendimento.

A luta contra o perigo fecal continua a ser um grande problema para o Ministério da Saúde Pública e para os municípios. Os esgotos privados, quando existem, são construídos sem respeito pelas "normas". Estas instalações são concebidas na prática como sumidouros e não como fossas estanques, o fundo atinge frequentemente o nível do lençol freático. A noção de uma distância mínima recomendada de 15 m entre o poço para água potável e a fossa não é conhecida. As fossas e latrinas tradicionais não são imunes ao colapso, especialmente durante a estação das chuvas. Além disso, as cheias invadem as concessões e causam os materiais, causando uma contaminação geral. Estas fossas são também acessíveis a insectos, ratos e outros vectores de doenças.

Figura 7: Matéria fecal ao ar livre   Figura 8: Matéria fecal na sarjeta aberta

A poluição fecal das águas de recreio pode levar a problemas de saúde devido à presença de microrganismos infecciosos. Estes podem ser derivados de esgotos humanos ou de fontes animais. No entanto, as actividades humanas nos processos de degradação ambiental são ao mesmo tempo directas, indirectas e cumulativas **(Diamouangana, 2011)**.

A contaminação fecal dos corpos de água é uma preocupação principalmente devido ao potencial de transmissão de organismos patogénicos pela água contaminada. Existe uma grande variedade de organismos patogénicos que podem sobreviver e permanecer infecciosos no ambiente aquático **(http://salem.njaes.rutgers.edu/nre/ppt/2012)**.

De acordo com as análises físico-químicas de algumas amostras de água de Ndjamena, existe uma diferença significativa entre os valores de iões de amónio da água bruta (4,118 ± 1,68) e os da água tratada (1,564 ± 1,03) **(Mahamat et al., 2015)**. Estes valores são muito elevados em comparação com os 0,5 mg/l da OMS. Estes valores elevados são devidos a actividades humanas e industriais, fossas sépticas e resíduos animais. O armazenamento de resíduos animais, esgotos localizados entre 3 e 6 metros de profundidade e estrume à superfície do solo continham amoníaco no intervalo de 1 a 15 mg / L **(Liebhart et al., 1979)**. A infiltração de fossas sépticas poluiu a água de um poço num pátio escolar a 0,733 mg / L de amoníaco **(Rajagopal, 1978)**. No entanto, os elevados valores obtidos não provariam ser tóxicos para os consumidores porque os iões de amónio são naturalmente produzidos no aparelho digestivo do homem pela degradação bacteriana dos compostos azotados ingeridos. São assim produzidos aproximadamente 4200 mg / d e mais de 70% são sintetizados ou libertados pelo cólon e nas fezes. A quantidade absorvida é de 4.150 mg / d, o que corresponde a 99% da quantidade produzida **(Summerskill e Wolpert, 1970)**. A absorção de NH_4^+ também é completa **(Furst et al., 1969)**. A amónia é metabolizada na primeira passagem através do fígado para a ureia e a glutamina. Os iões de amónia são absorvidos pelo tracto gastrointestinal e depois transportados através do sistema venoso portal directamente para o fígado onde são metabolizados. Desta forma, uma quantidade muito pequena ganha a circulação sistémica sob a forma de amoníaco ou derivados de amónio **(Brown et al., 1957, Pitts 1971, Salvatore et al. Summerskill e Wolpert, 1970)**.

A. <u>Abordagem</u>

A segurança ou qualidade da água é melhor descrita através de uma combinação de inspecção sanitária e avaliação da qualidade microbiana da água. Esta abordagem fornece dados sobre possíveis fontes de poluição numa bacia hidrográfica recreativa, bem como informação numérica sobre o nível real de poluição fecal (**http://www.who.int/water_sanitation**). A combinação destes elementos fornece uma base para uma classificação robusta, graduada, como mostra a Figura 9.

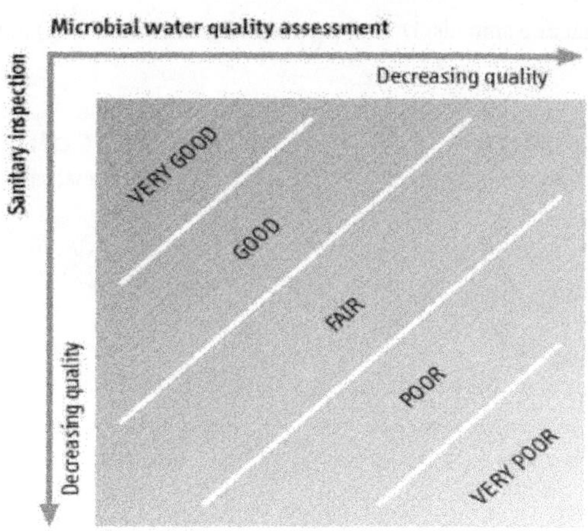

Figura 9: MATRIZ DE CLASSIFICAÇÃO SIMPLIFICADO

Os resultados da classificação podem ser utilizados para:

* fornecer orientações no local aos utilizadores sobre segurança relativa;
* ajudar na identificação e promoção de intervenções de gestão eficazes; e
* fornecer uma avaliação da conformidade regulamentar.

Em alguns casos, a qualidade da água microbiana pode ser fortemente influenciada por factores como a pluviosidade, levando a períodos relativamente curtos de elevada poluição fecal.

A experiência em algumas áreas tem mostrado a possibilidade de desaconselhar a utilização em tais momentos de risco acrescido e, além disso, em algumas circunstâncias, que os indivíduos respondem a tais mensagens. Quando é possível evitar a exposição humana aos riscos de poluição desta forma, isto pode ser tido em conta tanto na classificação como no aconselhamento.

5. <u>Os riscos biológicos das águas subterrâneas na cidade de Ndjamena</u>

As questões de saúde relacionadas com os resíduos são complexas e dão origem a numerosos debates (http://archive.defra.gov.uk). Em Maio e Junho de 2013, foi analisada a água de perfuração manual, água bruta da Companhia Chadiana de Água (STE) da cidade de N'Djamena.

A investigação revelou que 40% dos 52 furos equipados com bombas manuais, classificados pelo JMP como fontes melhoradas, estão contaminados por bactérias fecais (E. coli e/ou enterococos).

Além disso, 23% da água bruta amostrada da STE, que distribui água às famílias, continha bactérias fecais.

a. Coliformes totais e E. coli

Trinta e sete dos 52 tubos testados (71%) foram contaminados por coliformes totais, o que indica contaminação por fezes humanas e animais (ver Figura 10). Dado que algumas bactérias coliformes também derivam de outras fontes, a E. coli é um melhor indicador da poluição dos pontos de água potável com fezes humanas e animais. Dos 52 pontos de água, cinco (9,6%) mostram a presença de E. coli (Figura 11).

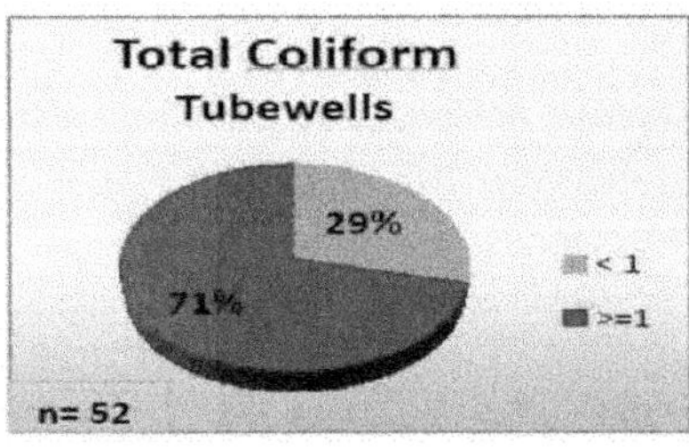

Figura 10. Gráfico de torta mostrando a proporção de bactérias coliformes totais detectadas em 52 tubewells em N'Djamena.

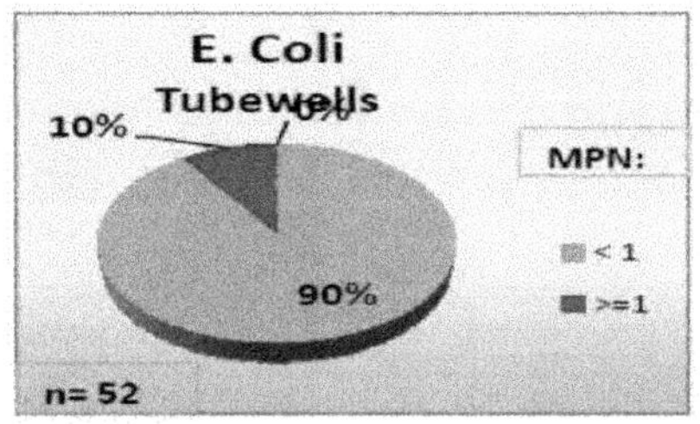

Figura 11. Gráfico de torta mostrando a proporção do total de bactérias E.Coli detectadas em 52 tubewells em N'Djamena.

Dos 13 poços de água potável testados do fornecedor de água STE, quatro poços (31%) mostram a presença de coliformes totais (Figura 3) e um poço (8%) mostra também a presença de E.Coli (Figura 13).

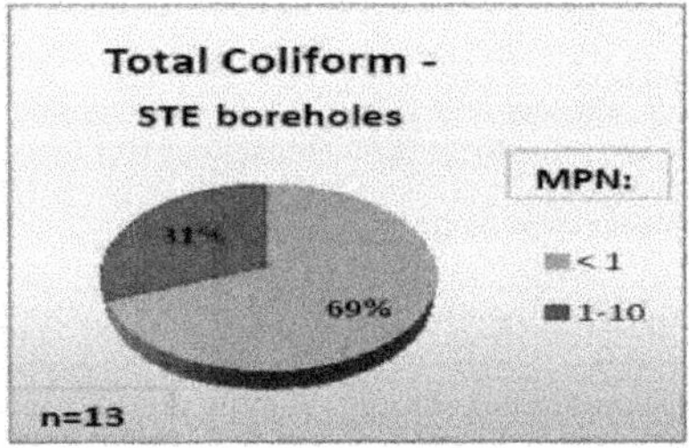

Figura 12 Gráfico de torta mostrando a proporção de bactérias coliformes totais detectadas na água bruta de 13 furos do STE

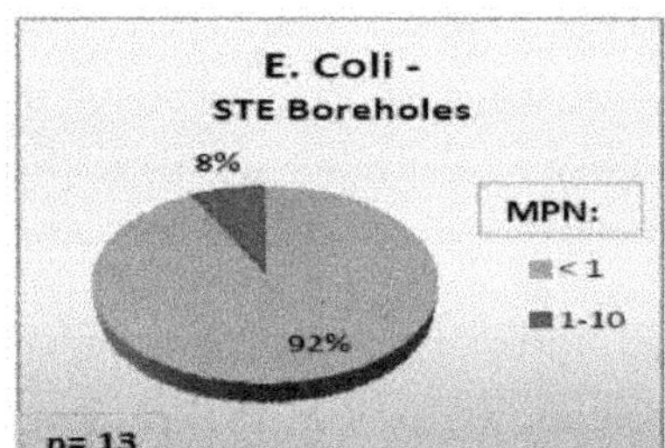

Figura 13 Gráfico de torta mostrando a proporção de bactérias coliformes totais detectadas na água bruta de 13 furos do STE

b. __Enterococci__

Um total de 22 tubewells em 52 (42%) mostrou a presença de bactérias enterococci (Figura 14).

Das 13 bactérias enterococci testadas, um indicador claro da contaminação de fezes humanas e animais

furos do STE, três (23%) mostram a presença de bactérias enterococci (Figura 15).

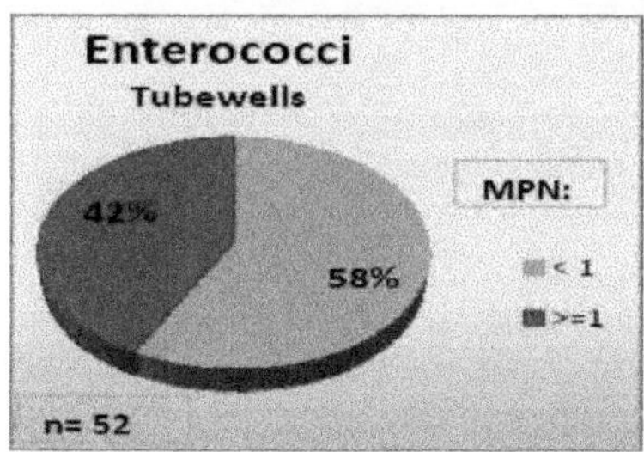

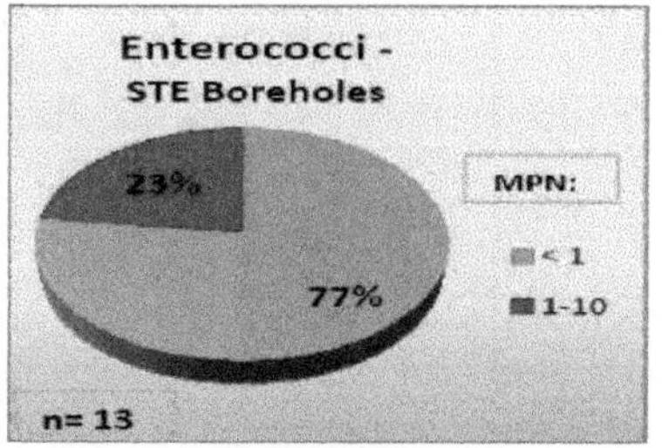

Figura 14 Gráfico de torta mostrando a proporção de bactérias enterococci totais detectadas em 52 tubewells em N'Djamena

Figura 15 Gráfico de torta mostrando a proporção de bactérias enterococci detectadas na água bruta de 13 perfurações do STE em N'Djamena

Em geral, o conteúdo de enterococos era mais elevado do que a bactéria E. coli. Pode ser explicado pelo facto de os enterococos serem mais resistentes a uma vasta gama de condições ambientais do que a E. coli **(Byappanahalli et al., 2012)**.

A figura 16 seguinte mostra a distribuição espacial da contaminação por bactérias coliformes totais e/ou fecais em N'Djamena.

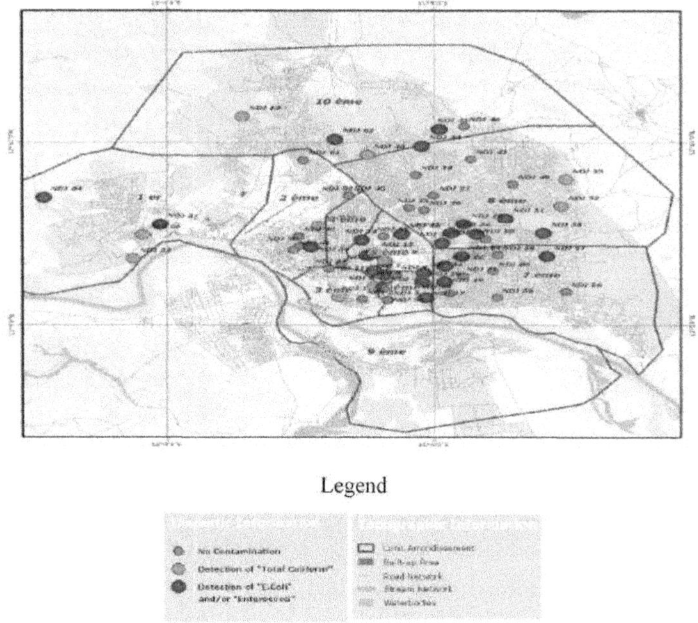

Figura 16 Mapa mostrando a detecção de coliformes totais, E. coli e bactérias enterococci em N'Djamena

A figura 16 mostra que a contaminação dos poços tubulares por bactérias fecais aparece dispersa pela área da cidade. Todos juntos 21 aos furos (40%) equipados com bombas manuais classificadas pelo JMP como fontes melhoradas estão contaminados por bactérias fecais (E.Coli e/ou enterocococos). Além disso, três de 13 (23%) água bruta amostrada de STE contêm bactérias fecais. Supõe-se que a contaminação do lençol freático de N'Djamena por E. coli e enterococos é devida à poluição directa dos pontos de água.

Os motivos são a infiltração de esgotos de latrinas localizadas nas proximidades ou a drenagem de águas cinzentas, a má constituição dos furos (furos com furos), a aplicação de estrume em terrenos agrícolas próximos do furo, e a fuga de água de superfície contaminada (por exemplo, perto do canal ou de fossas de lixo). Deve ser mencionado que a presença de coliformes totais, E. coli e enterococos são determinados com base numa única campanha de amostragem. A fim de identificar uma contaminação sistemática do aquífero quaternário de N'Djamena, os pontos de água devem ser amostrados repetidamente e em estações diferentes.

6. **Resíduos biomédicos**

Estima-se que a África tenha 67, 740 instalações sanitárias e produz aproximadamente 282, 447 toneladas de resíduos médicos por ano **(Tulokhonova, A. e O. Ulanova, 2013);** no entanto, o resto contém 15% de resíduos infecciosos (por exemplo, resíduos de culturas e stocks de agentes infecciosos, doentes infectados, sangue contaminado e seus derivados, amostras de diagnóstico descartadas) e resíduos anatómicos (partes reconhecíveis do corpo e carcaças de animais); e cerca de 5% são constituídos por material cortante, produtos químicos tóxicos e farmacêuticos e resíduos radioactivos. Na prática, esta composição varia de país para país, dependendo do progresso da gestão de resíduos biomédicos no país **(Organização Mundial de Saúde, 2ª ed. 2014, Genebra).**

Os hospitais e os diferentes centros de saúde não dispõem de instalações que funcionem bem (incineradores, processadores, etc.) ou de "procedimentos" bem estabelecidos para o tratamento e eliminação de resíduos biomédicos. Muitas vezes, estes resíduos são encontrados nas ruas, ao alcance das crianças ou de qualquer indivíduo que possa "recuperar". As águas residuais das instalações sanitárias só raramente são tratadas e são libertadas no ambiente, muitas vezes em cursos de água naturais. Em alguns casos, são reutilizadas para várias utilizações (rega de pequenos jardins de jardim, etc.).

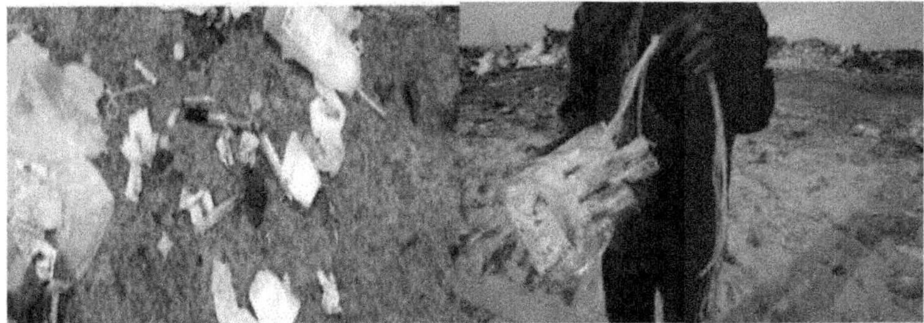

Figura 10: Resíduos biomédicos na cidade de Abeche

Figura 11: Resíduos biomédicos em N'Djamena

O ambiente não beneficia de uma Estratégia Nacional limpa e explícita, de modo que, em termos de prioridade, é enfraquecido em relação aos sectores: Água, Desenvolvimento Rural, Segurança Alimentar, com os quais está no entanto fortemente ligado.

Como indicação, a estação de tratamento de águas residuais do Hospital Geral de N'Djamena nunca foi realmente funcional. Todas as águas residuais produzidas pelo hospital, contendo micróbios, bactérias, produtos químicos, etc., são descarregadas no rio sem tratamento prévio. Esta prática apresenta riscos óbvios para a saúde humana e para o ambiente em geral.

7. <u>Poluição das águas pluviais</u>

A poluição do esgoto urbano é um conceito que foi agora bem integrado pelos intervenientes da cidade. No entanto, este conceito é frequentemente mal compreendido e diferentes elementos são erradamente confundidos.

É importante distinguir entre:

- Poluição das águas pluviais;
- Poluição do escoamento das águas pluviais;
- Poluição das descargas de tempestades rigorosas;
- Poluição das descargas urbanas devido ao tempo chuvoso.

A. <u>Poluição das águas pluviais</u>

A água da chuva está naturalmente poluída. De facto, as gotas de água só podem atingir um tamanho suficiente para cair ao solo se houver partículas sólidas na atmosfera para iniciar o processo de nucleação. Alguns dos poluentes do ar urbano são assim transportados para o solo durante os períodos de chuva. As concentrações de poluentes são, contudo, extremamente baixas, e na maioria das situações, a água da chuva é de qualidade potável quando atinge o nível do solo. O factor limitador mais comum é o pH (chuva ácida), mas esta acidez é muito rapidamente tamponada pelos materiais sobre os quais flui ou atravessa.

B. <u>Poluição do escoamento das águas pluviais</u>

Chegando ao solo, a água da chuva irá, em primeiro lugar, lavar as superfícies sobre as quais corre e, em segundo lugar, corroer os materiais de superfície. Os contaminantes podem ser dissolvidos ou presos às partículas arrastadas pela água. O aumento da concentração de poluentes depende de múltiplos factores: intensidade da chuva, importância do escoamento, natureza do material de superfície, natureza das actividades sobre ou perto da superfície, etc ... Isto explica a variabilidade muito grande das concentrações encontradas na literatura. Note-se, no entanto, que a água de escoamento é quase sempre de qualidade "balnear". Na prática, porém, o factor mais importante continua a ser a distância percorrida pelo fluxo.

De uma forma bastante básica, se a gota de água percorrer várias dezenas de metros para chegar a um dreno, será muito mais poluente do que se se infiltrar exactamente onde caiu e atravessar apenas alguns centímetros de materiais potencialmente poluídos ou erodíveis.

C. <u>Poluição das descargas de tempestades rigorosas</u>

Num sistema de esgotos convencional, o escoamento é recolhido numa rede de superfície (caleira), depois introduzido numa rede subterrânea de tubos e encaminhado tão directamente quanto possível para uma saída de superfície. A poluição das descargas de tempestades estritas corresponde à poluição medida neste escoadouro. Técnicas alternativas de gestão das águas pluviais: riscos e benefícios reais.

A qualidade das descargas de tempestades rigorosas é muito pior do que a do escoamento. De facto, a água está carregada de poluentes ao longo de todo o seu curso:

- Em caleiras, onde as práticas de limpeza das ruas e os estilos de vida urbanos acumulam poluentes;

- E especialmente na rede de tubagens que recebe, durante os períodos secos de múltiplos resíduos, em particular, o produto da limpeza das ruas e dos mercados e as várias rejeições dos habitantes da cidade que utilizam as caleiras de rua como caixotes do lixo.

<h1 style="text-align:center"><u>Capítulo 3</u>: Saneamento no Chade</h1>

O saneamento é uma abordagem para melhorar a saúde global do ambiente nas suas várias componentes. Inclui a recolha, tratamento, e eliminação de resíduos líquidos, resíduos sólidos e excrementos.

O principal objectivo é a prevenção do contacto humano com substâncias perigosas, especialmente fezes, através da criação de sistemas de tratamento e eliminação de resíduos. Os perigos resultantes de um saneamento deficiente são multifactoriais, que podem ser ao mesmo tempo físicos, microbiológicos, biológicos ou químicos. Os resíduos, que incluem excrementos de origem humana e animal, resíduos ou águas residuais, podem causar grandes problemas de saúde.

Sistemas de saneamento mais higiénicos podem contar com soluções tecnológicas, tais como esgotos ou estações de tratamento de águas residuais. Estes sistemas podem também seguir uma abordagem mais descentralizada e simples com, por exemplo, sanitários secos, sanitários secos com separação de urina ou fossas sépticas.

Actualmente no Chade, o termo "saneamento" inclui tanto os aspectos de saúde como o desenvolvimento de infra-estruturas, tanto em áreas rurais/aldeias como em áreas semi-urbanas e urbanas.

<h1 style="text-align:center">A. <u>A situação geral</u></h1>

As estatísticas de saúde do Chade mostram que a falta de água potável e a má higiene são as principais causas de mortalidade e morbilidade da população. Os vários inquéritos realizados a nível nacional ou regional permitem elaborar uma situação do estado de saúde da população chadiana nas zonas urbanas, semi-urbanas e rurais. As tabelas 1 e 2 resumem os principais dados recolhidos durante estes diferentes inquéritos.

Types of water points	N'Djamena	Other cities	Urban ensemble	Rural	Ensemble
Tap in the dwelling/years	21.0	4.5	11.6	0.2	2.8
Public fountain	8.4	14.2	11.7	4.2	5.9
Traditional well in the courtyard	26.8	21.7	23.9	7.6	11.4
Modern well in the courtyard	0.9	2.1	1.6	0.5	0.8
Public traditional well	3.7	17.7	11.7	50.6	41.5
Drilling	0.4	9.6	5.6	20.8	17.2
Surface water	0.0	3.3	1.9	14.7	11.7
Rainwater	0.0	0.0	0.0	0.7	0.5
Water seller	38.6	26.2	31.5	0.5	7.7
Other	0.3	0.6	0.5	0.3	0.3
Total	100	100	100	100	100

Fonte: 1996-1997 Inquérito Demográfico e Sanitário

O Quadro 3: mostra os tipos de pontos de água utilizados pelas pessoas como fontes de abastecimento de água potável.

Desta tabela, parece que apenas 26% da população chadiana obtém água potável a partir de um ponto de água potável. Nas zonas rurais, menos de 20% da população tem acesso a um ponto de água potável, enquanto nas zonas urbanas cerca de 30% da população tem acesso a este ponto.

O quadro 2 apresenta os tipos de sanitários utilizados pelas populações. Pode observar-se a partir desta tabela que nas zonas rurais mais de 88,5% da população utiliza a natureza como local de conforto; apenas cerca de 11% utilizam latrinas tradicionais ou melhoradas. Nas zonas urbanas, quase 80% da população utiliza diferentes tipos de sanitários; contudo, cerca de 21% da população ainda utiliza a natureza como local de conforto.

Types of water points	NDjaména	Other cities	Urban ensemble	Rural	Ensemble
Hunting Water	2.1	0.2	1.0	0.0	0.2
Traditional latrines	52.5	48.9	50.4	10.6	19.9
Improved latrines	42.3	16.0	27.3	0.6	6.8
Nature	3.1	34.6	21.1	88.5	72.9
Other	0.0	0.3	0.2	0.3	0.2
Total	100	100	100	100	100

Fonte: 1996-1997 Inquérito Demográfico e Sanitário

Quadro 4: Tipos de utilização de sanitários

Além disso, as patologias dominantes que constituem os problemas de saúde pública são a malária, a esquistossomose, a diarreia, a meningite, o tétano, o sarampo, etc. As principais doenças que afectam as crianças menores de cinco anos são a malária (49%), a diarreia (44%), o sarampo (25%), a tosse convulsa (12%) e a cólera (5%). Muitas destas doenças estão directamente relacionadas com a falta de infra-estruturas básicas de saúde que induzem estilos de vida e comportamentos contrários a uma boa higiene e boa saúde.

B. <u>Saneamento urbano</u>

O crescimento muito rápido das grandes cidades em desenvolvimento resultou numa enorme procura de serviços urbanos. As populações de baixos rendimentos concentram-se nas zonas periféricas da cidade, em bairros populares com terrenos incertos e habitações precárias. Nesses bairros, a procura de serviços de água e saneamento é forte, e mesmo solvente, mas as grandes empresas concessionárias não sabem como responder correctamente e, sobretudo, a um custo razoável.

Não existem virtualmente sistemas de eliminação de esgotos no Chade. A evacuação de água suja nas cidades constitui um problema agudo. Devido à falta de espaço e à ausência total de redes de recolha de esgotos em todo o território, a descarga de toda a água é, nas zonas urbanas, pouco conforme com as recomendações de higiene. Quanto à água cinzenta (sanitários, louça, lavandaria), são simplesmente recuperadas separadamente (para não encher demasiado depressa a fossa) e rejeitadas durante a noite na rua. Nas cidades, as fezes e a urina ainda são depositadas em proporções consideráveis em qualquer espaço aberto, seguindo as práticas habituais das aldeias. A falta de espaço torna a operação mais difícil nas zonas urbanas do que nas zonas rurais, especialmente para as mulheres.

Um dos aspectos mais desafiantes do subsector do saneamento é a mudança de comportamento, que permanece dependente do nível de alfabetização da população e da educação sanitária. As populações recém-estabelecidas nas cidades mantêm as suas práticas ancestrais. O mesmo comportamento é observado entre a população rural hospitalizada: nos hospitais das cidades, eles não utilizam latrinas mesmo quando existem. Além disso, os centros de saúde e hospitais raramente dispõem de equipamento em perfeito estado de funcionamento para o tratamento e eliminação de resíduos biomédicos.

Existe também um risco de contaminação para a maioria da população que alimenta a água dos poços, extraída do lençol freático de superfície. A proximidade de poços e poços é uma fonte de contaminação por infiltração e exfiltração da água, especialmente nos bairros populares da cidade de Ndjamena, Sarh, Doba, Moundou, Kelo, Koumra e Pala onde se pode encontrar 1 a 3 poços para 5 casas. Até agora, no Chade, os esforços para proteger e purificar esta água, que abastece mais de três quartos da população "urbana", têm sido quase inexistentes. A preponderância de doenças transmitidas pela água é a consequência, mas o próprio aquífero profundo não parece ser poupado por esta poluição de origem humana.

Os perímetros de protecção da captação são estabelecidos em torno de locais de captação de água destinados ao consumo humano, com vista a assegurar a preservação do recurso, reduzindo o risco de poluição ocasional e acidental do recurso nestes pontos específicos, mas infelizmente, a maioria dos poços no Chade não têm um perímetro de protecção.

Figura12: Poço tradicional em Koumra, a sul do Chade

Em geral, a situação sanitária das cidades é preocupante devido a deficiências que afectam os seguintes aspectos:

- a recolha e tratamento de resíduos sólidos;
- a eliminação de águas residuais e excrementos;
- a fraca capacidade das redes de drenagem de águas pluviais;
- a eliminação de resíduos biomédicos.

2. Saneamento rural

A grande maioria dos lares chadianos nas zonas rurais/aldeias não têm casas de banho e excrementos, os resíduos sólidos e os sistemas de eliminação de esgotos são quase inexistentes. Assim, 10,6% dos lares utilizam uma fossa/latrina rudimentar, 0,6% utilizam uma fossa/latrina melhorada e 88,5% dos lares utilizam a natureza como um local de conforto. Além disso, não há recolha de lixo nas aldeias e os animais de estimação vagueiam. Finalmente, entre 65% e 70% dos agregados familiares rurais consomem água de poços tradicionais e apenas 17% da população rural tem acesso a um ponto de água potável.

Com excepção dos projectos financiados pela UNICEF, poucos projectos estão envolvidos no saneamento rural. A maioria dos grandes projectos de infra-estruturas hídricas têm uma componente centrada em campanhas de sensibilização e educação da população sobre a questão da água - saúde - higiene. No entanto, os resultados destes esforços não resultam numa melhoria do comportamento das populações. Fazem pouca ou nenhuma ligação entre certas doenças de que sofrem e a sua água potável, bem como o seu modo de eliminação de excrementos e eliminação de resíduos. Mesmo em pontos de água modernos, existe frequentemente um desenvolvimento moroso. As normas para o transporte e armazenamento de água nos MPE são pouco ou nada aplicadas. Além disso, nenhum destes projectos está envolvido na construção de latrinas e na implementação de medidas e infra-estruturas que possam melhorar o ambiente sanitário das comunidades rurais.

Um esforço considerável, tanto em termos de mobilização como de educação das populações rurais com regras básicas de higiene e de construção de infra-estruturas sanitárias, continua por fazer para alcançar um ambiente saudável na aldeia.

<u>Capítulo 4</u>: A avaliação da contaminação por metais pesados no Lago Chade

A água é essencial para a vida na terra, mas é também essencial para o desenvolvimento industrial e agrícola das sociedades humanas. Este desenvolvimento acelerado é frequentemente acompanhado pela poluição da atmosfera e da água, o que constitui um verdadeiro problema para o ambiente. A poluição da água ocorre quando os materiais são descarregados em águas que degradam a sua qualidade, o que torna a sua utilização perigosa e perturba o ambiente aquático, especialmente a vida dos peixes.

A actividade industrial na extracção ou elaboração de metais gera efluentes aquosos carregados com elementos metálicos tóxicos em concentrações variáveis, e por vezes rejeitados sem tratamento no ambiente receptor. Por exemplo, a poluição da água por metais pesados está actualmente a causar grande preocupação com a qualidade da água e do ambiente. Este facto leva à utilização de critérios mais apropriados para a protecção das populações expostas à contaminação por estas espécies metálicas, pelo que é importante procurar meios severos de purificação das águas residuais industriais antes da sua libertação no ambiente natural.

No Chade, centenas de poluentes são lançados diariamente no ambiente. Entre eles, os metais pesados são considerados como poluentes graves no ambiente aquático devido à sua persistência e tendência para a bioacumulação em organismos aquáticos **(Sibel Yigit e Ahmet Altindag, 2006)**. Vários metais pesados são encontrados no ambiente aquático, por acção humana, por transporte atmosférico e como resultado da erosão devida à chuva **(Kaki et al., 2011)**. Como resultado, os animais aquáticos podem ser expostos a elevadas concentrações de metais pesados **(Kalay e Canh 2000)**. Os metais pesados podem assim afectar directamente os organismos, acumulando-se nos seus corpos ou, indirectamente, por transferência através da cadeia alimentar.

1. <u>Propriedades físico-químicas dos metais pesados</u>

Os metais pesados têm as propriedades físicas gerais dos metais (boa condutividade térmica e eléctrica). São altamente electropositivos e dão por catiões metálicos com perda de electrões de carga variável. Estes cátions metálicos, que têm densidades de carga elevadas e um carácter electrofílico, podem formar ligações iónicas, covalentes ou intermédias com ligandos e dar origem a complexos mais ou menos estáveis **(Diard P, 1996)**.

2. <u>Bioacumulação de metais pesados nas diferentes partes dos peixes do Lago Chade</u>

A bioacumulação de cádmio, chumbo, e arsénico pelos peixes capturados habitualmente no sistema lagunar do Lago Chade foi avaliada por B. KAYALTO et al. Para estimar os riscos sanitários associados ao seu consumo. Os resultados mostram que todos os peixes analisados estão poluídos. Cd, Pb, e Cr foram testados na cabeça, fígado, carne e espinhas destes peixes, sedimentos e água no espectrofotómetro de absorção atómica. O Cd e Pb não foram detectados nas águas e sedimentos. Comparando os resultados obtidos na carne dos peixes, com a grelha de qualidade do Mersch, a poluição da água do Lago Chade passa de uma situação intermédia (Cd) para uma poluição significativa (Cr). Os sedimentos estavam mais contaminados do que a água. Todos estes valores estão para além das normas existentes. A análise inter-espécies da variância (ANOVA), a 95% do limiar entre órgãos, mostra que existe uma correlação positiva (r = 0,74) e muito significativa (p = 0,02) entre a carne e os ossos de diferentes espécies.

Segundo B. KAYALTO et al 2014, o cádmio foi detectado apenas na carpa, a carne da carpa pequena tinha uma concentração de 2,18 ppm. Esta concentração encontrada na carne da carpa é dez (10) vezes superior à norma europeia de 2006 (regulamento 1881/2006). As concentrações de metal dos Lordes variavam de 2,02 Logone e Chari a 2,32 ppm em Mani e no Lago Chade (**B. KAYALTO et al 2014**). Isto demonstra, portanto, um processo de acumulação em direcção ao Lago Chade. Os resultados para o crómio mostram que o Lago Chade está mais contaminado do que o Lago Nasser no Egipto e o Lago Beysehir na Turquia. Rashed (2001), no Lago Nasser, Egipto, registou uma média de 0,24 ppm, quase dez vezes menos do que o que encontrámos no Lago Chade.

			Content per organ, µg/g			Quantity by organ mg			Heavy metal amount per fish		
SPECIES	Weight in g	Organs	Pb	Cd	Cr	Pb	Cd	Cr	Pb	Cd	Cr
Carp Fish	378	head	5.15	15.14	123.22	0.15	0.45	3.69			
		liver		16.14	157.61		0.01	0.14			
		flesh		2.18	26.55		0.11	1.29			
		bone			153.58			1.19	0.15	0.57	6.32
	682	head		10.94	152.54		0.36	4.98			
		liver			5.57			0.01			
		flesh			28.11			2.46			
		bone			215.74			2.86		0.36	10.3
	1154	head			192.5			14.83			
		liver		2.15	56		0.0048	0.13			
		flesh			51.93			8.66			
Captain fish		bone			258.3			7.78		0.0048	31.4
	510	head			298.03			8.93			
		liver			28.37			0.04			
		flesh			30.57			2.3			
		bone			167.46			1.83			13.09
	1014	head			214.74			11.51			
		liver			6.1			0.01			
		flesh			34.54			5.09			
		bone			283.27			6.13			22.74

	1714	head			339.65			2.15			
		liver			28.06			0.02			
		flesh			43.92			0.91			
		bone			351.93			1.07			62,48
Machoiron fish	162	head			284.47			2.15			
		liver			105.32			0.02			
		flesh			45.33			0.91			
		bone			351.93			1.07			4.15
	1496	head			287.88			25.49			
		liver			53.89			0.12			
		flesh			44.75			9.58			
		bone			317.69			11.96			47.14
	2464	head			179.08			34.07			
		liver			27.68			0.13			
		flesh			39.76			13.18			
		bone			290.25			22.76			70.14

Fonte Barnabas Koyalto, 2014

Quadro 5: quantidade em mg de metal pesado por peixe

3. <u>Diagnóstico da contaminação de sedimentos nas águas do Lago Chade por metais vestigiais</u>

Este estudo centra-se na avaliação do nível de contaminação por metais vestigiais (TME) dos sedimentos nas águas do Lago Chade. Os resultados obtidos por B. KAYALTO et al sobre sedimentos superficiais mostraram o estado significativo de contaminação, particularmente nas áreas mais remotas, onde os níveis podem exceder por várias ordens de magnitude os limites definidos pela legislação com vista a operações de dragagem. A distribuição da contaminação observada indicou claramente uma exportação de Chari e logone para o Lago Chade, provavelmente regida por processos hidrodinâmicos responsáveis pela suspensão do sedimento contaminado.

Verificamos também que o cádmio e o chumbo estavam abaixo do limite de detecção da técnica instrumental utilizada (Pb: 0,7 pg / ml, Cd: 0,03 pg / ml) em ambos os compartimentos (água e sedimento).) e isto em todas as amostras.

A norma americana para água potável é de 0,05 ppm para o crómio (**U.S. EPA, 1985**). O povo chadiano bebe directamente nos rios Chari e Logone, assim como as águas do Lago Chade, estão em risco real para a sua saúde, os resultados médios obtidos nos rios Logone e Chari são pelo menos 40 vezes superiores a este padrão, enquanto que no Lago Chade, os nossos resultados são 46 vezes superiores.

Capítulo 4: Causas dos problemas ambientais no Chade

O ambiente não beneficia de uma Estratégia Nacional limpa e explícita, de modo que, em termos de prioridade, é enfraquecido em relação aos sectores: Água, Desenvolvimento Rural, Segurança Alimentar, com os quais está no entanto fortemente ligado.

Os problemas ambientais no Chade estão à imagem dos da África em geral com certas peculiaridades. As actividades humanas estão na origem dos problemas ambientais que afligem o Chade e os seres humanos. Há também sete factores agravantes, tomados no seu sentido mais lato, que são o crescimento demográfico, a ausência de cultura ambiental, infra-estruturas inadequadas, inovação industrial, política pobre (governação), pobreza e condições naturais.

A. Crescimento demográfico

Para países pobres como o Chade, o crescimento populacional é sistematicamente considerado prejudicial ao crescimento económico e à preservação do ambiente.

Não existe uma relação simples entre o tamanho da população e as mudanças no ambiente. Contudo, como a população do Chade continua a crescer, a disponibilidade limitada de recursos globais tais como terra arável, água limpa, florestas, e as riquezas dos rios e lagos tornou-se uma das principais áreas de preocupação nos dias de hoje. Em algumas áreas do Chade, o declínio das terras cultivadas pôs em causa a capacidade de produção de alimentos. Ao mesmo tempo, a manutenção do crescimento populacional surge no contexto de uma procura crescente de água: o consumo de água aumentou seis vezes entre 1993 e 2010, uma taxa de aceleração que é duas vezes superior à do crescimento populacional.

A superlotação das cidades, o nível de consciência da população, as técnicas utilizadas, os meios pobres do Estado ... são as principais causas da insalubridade urbana. Em média, são produzidos 4 kg de resíduos sólidos e 175 litros de águas residuais por pessoa e por dia.

C. Infra-estruturas inadequadas

De facto, a proliferação de resíduos domésticos no Chade é resultado da má gestão por parte das autoridades, por um lado devido a infra-estruturas inadequadas e má concepção de instalações de saneamento líquido, falta de especialistas, recursos financeiros, etc. As estradas já não asseguram a evacuação do lixo doméstico e muito menos o controlo dos aterros sanitários. O mais pequeno lote vazio, os arredores das casas

são invadidos por lixeiras selvagens. Na época das chuvas, estas áreas de aplicação transformam-se em verdadeiros esgotos cujas emissões pestilentas prejudicam grandemente o conforto e a saúde da população. A gestão de resíduos sólidos é caracterizada por má organização, recolha pouco frequente, rotas de recolha não especificadas e derrames descontrolados ao longo de estradas públicas, praças públicas ou riachos. Os estabelecimentos administrativos e comerciais produzem principalmente resíduos sob a forma de papel, que é frequentemente queimado no local ou atirado para o ar livre. O mesmo se aplica aos resíduos hospitalares que são regularmente queimados directamente nos serviços hospitalares ou que são simplesmente despejados na natureza.

D. A ausência de cultura ambiental

Qualquer política de protecção ambiental requer o envolvimento do cidadão, que faz parte do ambiente de vida.

Apesar de tudo isto, continuamos a ver lixo todos os dias nas ruas e perto dos edifícios.

Um passeio pelas principais cidades do Chade mostrou-nos que alguns cidadãos não prestam atenção à protecção do ambiente, especialmente porque sacos cheios de lixo doméstico são depositados nas ruas e nas sarjetas.

E. Pobreza e condições naturais

O mau comportamento e a pobreza são as principais causas dos problemas de saneamento urbano.

A pobreza confina frequentemente as pessoas pobres das zonas rurais a terrenos de baixo rendimento, contribuindo para a erosão acelerada do solo. Por falta de recursos, os bairros pobres não conseguem organizar a recolha de lixo, e tanto lixo é atirado ao solo e a sua acumulação está a causar a deterioração da saúde dos habitantes. Em partes do Chade, zonas com solos rasos e montanhosos, naturalmente expostas à erosão por escorrimento e erosão eólica, e a uma poluição significativa do ambiente aquático. As águas pluviais transportam poluentes (em contacto com águas residuais, resíduos sólidos e durante a lixiviação das estradas) e são, na maioria das vezes, rejeitadas sem tratamento no ambiente natural, resultando na contaminação deste último. Erosão e sedimentação são também comuns

Não devemos descurar a salinidade das águas que é uma poluição de ordem natural e que é definida pela quantidade total de elementos dissolvidos na água. Algumas cidades do sul do Chade como Maro, Danamadji, Koumra, Sarh, e Moundou têm uma salinidade crescente ligada quer a entradas de cloreto antropogénico quer à salinização natural da água. Seria interessante se fosse feito um estudo para sintetizar o conhecimento sobre o impacto dos cloretos na fisiologia dos organismos mas também na biocenose aquática do Chade. A salinidade natural do Chade está ligada a um contexto geológico particular.

No Chade, falamos frequentemente de poluição antropogénica. Muito menos poluição geogénica. Contudo, alguns solos ou sedimentos, localizados em contextos geográficos particulares, têm concentrações naturais elevadas de arsénio, antimónio, flúor, níquel ou selénio, bem acima das normas sanitárias definidas a nível mundial ou europeu. Estas concentrações são gradualmente difundidas e podem afectar a água que passa por estas caves. Se conseguirmos analisar a maioria das águas do Chade, encontraremos muitos aquíferos naturalmente impróprios para a produção de água potável. Actualmente, os meios de detecção estão a tornar-se mais fiáveis e os regulamentos podem aumentar o conhecimento do problema. Se a situação da população Baibokoum no sul do Chade, na região de Logone Oriental, precisamente no rio La Lim sofreu uma viragem tão dramática, é que não testamos a água deste rio La Lim para estabelecer uma ligação entre certas doenças recorrentes para esta população que consome as águas deste rio e que se torna cega. Nesta localidade, há anos que a população tem utilizado esta água para beber, alimentar ou irrigar culturas.

Falando das condições naturais da poluição, é necessário falar sobre a inundação porque depois da inundação vem a poluição.

Sabe-se agora que as águas de escoamento superficial podem ser carregadas com uma elevada proporção de poluentes: poluição orgânica (COD, CBO5), metais tóxicos (Zn, Pb, Cd, Ni, etc.), hidrocarbonetos, etc. Estas descargas têm, em alguns casos, impactos poluentes muito negativos: as zonas balneares, as zonas de conquicultura, em particular, são sectores particularmente vulneráveis a preservar. A água de origem chuvosa transporta uma poluição comparável à das águas residuais após tratamento nos parâmetros CBO5 e CQO e muito mais elevada nos parâmetros MES, metais pesados e hidrocarbonetos. A poluição transportada tem várias fontes:

- atmosférico (não negligenciável para hidrocarbonetos e metais pesados),
- acumulação em superfícies revestidas (de 1 a 3 g / d / m),^{2}
- acumulação em redes de saneamento.

Entre os fenómenos a monitorizar, o movimento de poluentes que tendem a agarrar-se aos sedimentos transportados pelas correntes, especialmente metais pesados, depositados ao longo do tempo no solo antes de acabarem nas águas dos rios Chari e Logone são um dreno para o Lago Chade e a população ribeirinha sofre.

F. Inovação industrial

A água está envolvida em todas as principais actividades industriais. Entra em contacto com matérias-primas minerais ou orgânicas, que dissolve ou transporta com ela.

A poluição da água tornou-se uma das maiores preocupações da nossa sociedade, mas também em todo o mundo A poluição da água doce deve-se aos pesticidas utilizados na agricultura para tratar os campos, mas também para descarregar os esgotos directamente nos rios sem passar por estações de tratamento, populações e fábricas. A água da chuva escorre pelo solo e transporta-os para os rios. Estes produtos infiltram-se também no solo e poluem as águas subterrâneas.

Estes vários tipos de poluição perturbam o ecossistema aquático: o desaparecimento de certas espécies vegetais e animais.

A história do desenvolvimento industrial foi construída em parceria com a água. As fábricas estão sempre localizadas à beira da água (rio, canal ou mar) por várias razões:

- Produtos de base para o transporte de matérias-primas e produtos acabados;
- a possibilidade de ter múltiplas e variadas tarefas industriais realizadas na água: toda a história das técnicas industriais está ligada ao uso da água;

- a conveniência de descarregar subprodutos ou resíduos gerados durante as operações de fabrico. A água reúne um conjunto excepcional de propriedades físicas e químicas; pode tornar-se solvente, fluido térmico ou simplesmente líquido fácil de manusear. Estas propriedades explicam porque é que a água está envolvida em todas as principais actividades industriais; as fábricas utilizam a água repetidamente em fases sucessivas da linha de produção.

Para a maioria das técnicas e operações de fabrico, a água entra em contacto com matérias primas minerais ou orgânicas. Dissolve-os parcial ou totalmente ou leva-os ao estado de suspensões coloidais. Foi realizado um inventário da poluição industrial no Capítulo 1, "Libertação de resíduos tóxicos industriais no ambiente aquático".

G. <u>Má política ou má governação</u>

No Chade, os programas de desenvolvimento seguem uns aos outros sem verem um desenvolvimento real. O país está na pior posição em termos de governação e liberdade económica.

De facto, o país ocupa o 186º lugar no ranking de 188 países de acordo com o Índice de Desenvolvimento Humano de 2016. Além disso, apenas 52% da população tem acesso a água potável em comparação com 3% da população a electricidade, de acordo com o Banco. Desenvolvimento Africano. Mais de 3,7 milhões de pessoas estão em insegurança alimentar em 2016, de acordo com o Gabinete de Coordenação dos Assuntos Humanitários. Certamente, estão a ser feitos progressos no domínio das infra-estruturas. Mas, estas não obedecem às normas de realização porque recentemente, o Chade conseguiu angariar mais de 20 mil milhões de dólares para um Plano Nacional de Desenvolvimento, enquanto que utilizou apenas 7 mil milhões de dólares. O objectivo deste plano é reduzir a pobreza e impulsionar o desenvolvimento.

Desde 2003, o Chade iniciou dois Documentos Nacionais de Estratégia de Redução da Pobreza (NPRS 1 e 2), quatro Planos Nacionais de Desenvolvimento (PND 2003-2006, PND 2008-2011, PND 2013-2015 e PND 20017-2021).). A isto há que acrescentar os PND 2022-2026 e 2027-2030 contidos no documento "Vision 2030, the Chad we want", para os quais, ainda será necessário angariar fundos. Estes documentos, que supostamente preparam o caminho para um desenvolvimento harmonioso, provaram ser fiascos.

<u>Capítulo 5</u>: As consequências da poluição da água

Hoje em dia, as principais causas da poluição ambiental provêm principalmente da produção e utilização de várias fontes de energia, depois de actividades industriais e, paradoxalmente mas não menos importante, da agricultura.

Cada uma destas causas fundamentais de poluição corresponderá a inúmeras fontes de dispersão de poluentes. Esta última tem lugar a montante (indústrias extractivas) a jusante, ou seja, até às utilizações domésticas, que podem jogar em certos casos (matéria orgânica fermentável que polui a água, por exemplo). Assim, o consumo de produtos químicos comercializados ao público em geral desempenha um papel significativo na contaminação do ambiente, para não mencionar as massas consideráveis de fertilizantes e pesticidas dispersas nas zonas rurais por actividades agrícolas. A insalubridade da cidade tem graves consequências para as actividades e para a vida humana. No final do inquérito, várias consequências da insalubridade foram identificadas entre a população. A partir do Relatório do Inquérito EIVN de 2012, as principais são:

1. <u>Proliferação de mosquitos</u>

A proliferação de mosquitos e outros insectos prejudiciais foi confirmada em 98,6% pela população como consequência da insalubridade.

De facto, a presença de mosquitos é notável em todas as estações e é sentida pelas suas picadas nos 10 distritos de N'Djamena. A acumulação de lixo é uma consequência da irregularidade (ou falta dela) da recolha do lixo, que é uma consequência (plausível) do não pagamento de impostos ou da inacessibilidade de certos bairros, causa a proliferação de moscas que são muito prejudiciais para os microrganismos que transportam nas pernas ou nos chifres. Recordem que as moscas verdes (lucilies) e azuis jazem sobre a carne ou sobre as feridas dos animais vivos (e também dos homens, se as feridas forem mal tratadas).

Pode-se ver que em todos os mercados de N'Djamena, a carne é vendida ao ar livre sem protecção. Assim, o ambiente pouco saudável da cidade contribui para o desenvolvimento de várias condições como a amebíase (parasitas nos alimentos e na água), ténia, lombrigas, etc., algumas das quais são difíceis de combater; os contentores deixados nos baixios são propícios à constituição de locais de reprodução.

2. <u>Contaminação do lençol freático</u>

A acumulação de lixo, a falta de uma rede de esgotos para eliminação de esgotos, combinada com a defecação ao ar livre, resultando na contaminação do lençol freático por percolação e contaminação do solo. Assim, não nos podemos surpreender se o sabor da água de alguns poços de bombeamento for um pouco diferente; os frutos (pepino, tomate, milho, etc.) do cultivo destes solos contaminados têm um sabor particular. A análise dos níveis bacteriológicos e químicos poluentes deve ser feita para cada poço de bomba e para o solo utilizado para o cultivo.

3. **Doenças**

A proliferação de doenças pode provir do contacto directo com a água utilizada para beber, cozinhar, limpar e sanitários contaminados com parasitas (minhocas, chicotes, anciléstomos, cujas inundações podem dispersar os seus ovos e promover o seu desenvolvimento), poluentes químicos ou orgânicos (contaminação de fontes de água potável pela infiltração de águas residuais ou cursos de água pela descarga de águas pluviais contaminadas). Neste contexto, a poluição proveniente do transbordamento de latrinas e esgotos pode causar poluição fecal e a proliferação de doenças fecais-orais obtidas através do consumo de água ou alimentos contaminados (cólera, febre tifóide, etc.). A persistência de solos húmidos e a estagnação dos mesmos promove o desenvolvimento de vectores portadores de doenças, incluindo mosquitos Alguns estudos têm demonstrado a correlação entre a má drenagem urbana e o aumento de doenças transmitidas pela água (Reed, 2012).

Cólera, febre tifóide, malária, conjuntivite, poliomielite e outras doenças relacionadas com condições insalubres estão em fúria na cidade de N'Djamena (confirmação de 97,6%) em qualquer altura do ano. Moscas, mosquitos, baratas e minhocas de terra são insectos responsáveis pela proliferação destas doenças, provenientes de bacias hidrográficas poluídas, lagoas, caleiras, rios e pilhas de lixo. O número destes insectos depende em grande parte da situação (gravidade) do ambiente não higiénico.

4. **Conflito entre vizinhos**

Em N'Djamena, muitos vizinhos ou indivíduos têm conflitos devido à insalubridade, por vezes a tribunal; este facto é confirmado por 72,7% da população. A insalubridade é uma fonte de insegurança na cidade de N'Djamena na medida em que, por razões de que um depositou lixo em frente ou atrás da casa do outro, drenou água do poço para a casa do outro, sofreu um grave escorregamento na água vertida na estrada pelo outro, dirigiu o telhado da sua casa para o quintal do seu vizinho causando a inundação desta na época das chuvas, há disputas, insultos, lutas que se instalam nos bairros ou chefes de bairro. Todos os distritos de N'Djamena já tiveram de resolver este tipo de conflitos; no entanto, será necessário aproximar-se dos bairros ou chefes de bairro para saber o número de conflitos decididos.

5. **Obstrução das caleiras**

A obstrução das sarjetas é um facto visível em muitos bairros, especialmente no caso das sarjetas não fechadas, quer estejam ou não na borda do alcatrão. A obstrução das caleiras, que é uma consequência de actos insalubres, resulta nas inundações e no isolamento de vários bairros durante a estação das chuvas e que, por sua vez, tornam a recolha do lixo muito delicada para os serviços da recolha. 81% da população diz que as sarjetas dos seus bairros estão bloqueadas.

A inundação de estradas e edifícios pode causar perturbações na vida humana e nas actividades económicas. Por conseguinte, o GEP deve também integrar a preservação de instalações públicas comerciais (mercados, estações de autocarros, etc.), bem como instalações industriais, económicas e comerciais privadas que apoiam a actividade económica da maioria dos centros urbanos. .

6. <u>**Bloqueio de faixas e acidentes**</u>

Quase 75% das pessoas afirmam que a insalubridade bloqueia as vias públicas. Algumas estradas da cidade de N'Djamena estão bloqueadas por lixo, de modo que nem sequer planeamos passar por uma máquina com o risco de furos e temos de contornar. Em vários bairros, o lixo é atirado em estradas públicas, incluindo água de poços que emitem odores prejudiciais à saúde.

Um pouco mais de 75% da população informou-nos que a insalubridade provoca o furo das máquinas. De facto, o furo das máquinas é sentido após o bloqueio das vias públicas pelo lixo, especialmente os trilhos não afiados, quando os objectos pontiagudos e afiados são expostos na passagem; estes objectos podem ser um pedaço de madeira, espinhos, espigões, pedaços de ferro, ou pedaços de vidro (ou garrafas).

Nas pilhas de lixo, encontramos todo o tipo de objectos; para aqueles que frequentam estes locais, a probabilidade de serem feridos é muito elevada. Na cidade de N'Djamena, algumas pessoas andam de pilhas de lixo para o lixo em busca de objectos (garrafas, sapatos, latas, latas de água mineral, partes de maquinaria ou computadores portáteis, etc.) para vender para sobreviver. Entre estas pessoas, há crianças de todas as idades (menino e menina), mães (por vezes com uma criança nas costas), pessoas idosas, como se pode ver nas imagens seguintes. Para além do lixo, há o facto de algumas estradas estarem bloqueadas pelo lixo e a passagem por estas vias poderia também causar ferimentos. Não esqueçamos que o risco de contaminação é muito elevado para estas pessoas (especialmente crianças e mulheres pobres) que são facilmente feridas e que estão expostas ao tétano, que também é mortal. Os factos são confirmados por mais de 80% da população.

A proporção da população que confirma que o bairro insalubre causa acidentes de trânsito é ligeiramente mais baixa (63%) do que as outras consequências de condições insalubres. Um acidente de viação pode ser causado de várias maneiras. Uma máquina de duas rodas pode facilmente escorregar sobre uma casca de fruta (banana, abacate, tomate, manga, etc.), sobre a noz ou palmeira, sobre uma garrafa, sobre um plástico, sobre a água dos poços ou um molho viscoso derramado sobre a passagem. Estes escorregões podem por vezes virar o ofício ou o pedestre e causar acidentes graves. As estradas de asfalto tigradas podem também conter este tipo de objectos.

<u>**III. Pistas de soluções**</u>

Dependendo do problema que estamos a analisar, as soluções são por vezes diferentes, mas a causa de todos os problemas é sempre a mesma: o SER HUMANO e o seu impacto no ambiente. Assim, a principal solução é reduzir este impacto, e as formas de o fazer são múltiplas:

• Não deite fora os medicamentos que já não são necessários na casa de banho ou ao ar livre, leve-os de volta ao farmacêutico.

- Solventes, tintas, óleos não devem ser esvaziados na sanita ou na pia, ou mesmo no lixo: devem ser devolvidos ao ponto de recolha. Caso contrário, acabam directamente nos esgotos!

- As baterias devem também ser colocadas nos contentores especialmente concebidos para este fim (geralmente em grandes supermercados).

- Não abandonem as nossas embalagens e resíduos na natureza, especialmente perto dos rios, que irão poluir.

- Evite fertilizantes químicos durante as nossas sessões de jardinagem e prefira fertilizantes orgânicos, que não irão poluir as águas subterrâneas.

- Limitar a utilização de produtos domésticos: também contaminam as águas residuais e podem muito bem ser substituídos por produtos naturais, tais como álcool, vinagre branco, bicarbonato de sódio, etc.

- Esvaziar regularmente a fossa séptica (de cinco em cinco anos ou mais) para evitar que esta contamine a água.

- Para travar a perda de biodiversidade: diminuir a destruição de habitats naturais, a desflorestação, etc.

- Para reduzir a poluição (ar, água, solo...), reduzir as actividades poluentes, aumentar toda a reciclagem e reprocessamento de resíduos...

- Desenvolver uma indústria de valorização de resíduos.

- Encontrar soluções locais para resíduos líquidos e sólidos: Proposta para uma política colectiva.

- A sensibilização de toda a população promoverá uma boa recolha de lixo e o surgimento da política do Chade.

- Introduzir silos selectivos e o surgimento de créditos para boas práticas.

- Reduzir a importação de sacos de plástico, introduzindo embalagens biodegradáveis.

- Pedimos às autoridades municipais e administrativas e à sociedade civil que façam alguns esforços para encontrar as formas correctas de reduzir as consequências que já não estão para ser demonstradas (saúde, proliferação de insectos, doenças transmitidas pela água, ambiente degradado, etc.).

Conclusão

O destino e o perigo dos tóxicos no ambiente depende da fonte (ar, resíduos sólidos, solo, águas residuais) e da natureza do tóxico (solubilidade, volatilidade, propriedades de adsorção, biodegradabilidade, etc.), da via de transferência (via precipitação, lixiviação), do compartimento exposto (solo, sedimentos, águas superficiais, águas subterrâneas) e dos alvos biológicos (água e ecossistemas do solo, animais, seres humanos) **(A. KAHRU, L. POLLUMAA, 2006).**

O controlo da poluição da água tem sido da maior importância nos países desenvolvidos e em vários países em desenvolvimento. A prevenção da poluição na fonte, o princípio da precaução e a autorização prévia das descargas de águas residuais pelas autoridades competentes tornaram-se elementos-chave de políticas eficazes para prevenir, controlar e reduzir a entrada de substâncias perigosas, nutrientes e outros poluentes da água a partir de fontes pontuais nos ecossistemas aquáticos. A reciclagem é uma boa forma de não poluir e de não desperdiçar a matéria-prima, reutilizando os materiais para fazer objectos. Neste contexto, recomendamos que a Câmara Municipal de Ndjamena reforce as suas capacidades materiais (máquinas de eliminação de lixo, caleiras ...), reforce a educação da população para uma gestão adequada do lixo doméstico, transforme o lixo doméstico. Neste documento, apresentamos os resultados de um estudo sobre os efeitos de uma estação de tratamento de águas residuais na produção de águas residuais de um aterro sanitário **(G. Fred Lee, P.E., B.C.E.E. e Anne Jones-Lee).**

A gestão de resíduos perigosos das questões ambientais centrais em todo o mundo.

Actualmente, a regulamentação de medidas de gestão de resíduos perigosos no Chade. A qualidade de um riacho ou rio é muitas vezes uma boa indicação do modo de vida dentro de uma comunidade pela qual corre. É um indicador das condições socioeconómicas e da consciência e atitude ambiental dos seus utilizadores. Tudo o que acontece numa bacia hidrográfica reflecte-se na qualidade da água que flui através dela, porque os resultados da actividade humana e do estilo de vida acabam por ir parar aos rios, através do escoamento superficial.

A fim de compreender a escala do problema e as consequências dos riscos ambientais associados à descarga de resíduos tóxicos industriais e domésticos no ambiente aquático sobre a vida da população chadiana, é notável observar que as águas residuais fluem nas ruas, lixo por todo o lado, tipos de habitat, bueiros entupidos, excrementos em locais públicos, estradas, e infra-estruturas de gestão ambiental. Esta falta de gestão das infra-estruturas de tratamento tem impactos consideráveis sobre a qualidade dos ambientes naturais.

REFERÊNCIAS

1. **A. KAHRU , L. POLLUMAA**. Risco ambiental dos fluxos de resíduos da indústria estoniana de xisto betuminoso: An Ecotoxicological.P54. Revisão 2006. Laboratory of Molecular Genetics National Institute of Chemical Physics and Biophysics Akadeemia tee 23, Tallinn 12618 Estonia.

2. **Alabater**, "Waste Minimization Strategies for Developing Countries," SIEP/UNCHS, Ittingen Workshop, UMP/ SDC, Collaborative Program on Municipal Solid Waste in Low Incomes Countries, 1995.

3. **B. KAYALTO et al**. Contribution a Evaluation de la contamination par les mdtaux lourds de trois especes de poissons, des sddiments et des eaux du Lac Tchad. P 476. Int. J. Biol. Chem. Sci. 8(2): 468-480, Abril 2014

4. **Brown R.H., Duda G.D., Korkes S. e Handler P., 1957**. Um micrométodo colorimétrico para determinação do amoníaco; o teor de amoníaco dos tecidos de ratos e plasma humano. Arch Biochem Biophys, 66, 301-309.

5. Diamouangana J., curso de planeamento ecológico, Mestrado 1 Economia Ambiental, Universidade Marien Ngouabi, 2011, inédito.

6. **Furst P., Josephson B., Maschio G. e Vinnars E., 1969.** Balanço de nitrogénio após administração intravenosa e oral de sais de amónio ao homem. J Appl Phys, 26, 13-22.

7. **G. Fred Lee, P.E., B.C.E.E. e Anne Jones-Lee**. Impacto dos aterros municipais e industriais de resíduos não perigosos na saúde pública e no ambiente: Uma visão geral. P35. Prepared for California Environmental Protection Agency's Comparative Risk Project, Maio (1994).

8. www.http://osumex.com/_phealth.php 2001-2017

9. https://www.epa.gov/sites/production/files/2016-09/documents/hexane.pdf, 2016

10. http://www.pollutionpollution.com/2012/07/about-garbage-pollution.html

11. http://salem.niaes.rutgers.edu/nre/ppt/2012 mangiafico contaminação fecal da água.pdf

12. http://www.who.int/water saneamento saúde/banho/rwe1-chap4.pdf

13. http://archive.defra.gov.uk/environment/waste/statistics/d ocumentos/síntese-sanitária.pdf

14. https://atrenviro.org/publications/articles/consequences-de-linsalubrite-identifiees/

15. **Kalay M, Canl M. 2000.** Eliminação de metais essenciais (Cu e Zn) e não essenciais (Cd e Pb) do tecido de um peixe de água doce, *Tilapia zilli*. Tilápia zilli. *J. Zool.,* **24**: 429-436.

16. **Kaki C, Guedenon P, Kelome N, Edorh PA, Adechina R. 2011**. Avaliação da poluição por metais pesados do Lago Nokoue. *African Journal of Environmental Science and Technology.* 5(3), 255-261.

17. **Ludwig M, Gould E. 1988**. Entrada de contaminantes, destino e efeitos biológicos. In: Pacheco AL, editor. Woods Hole (MA).P305-322.US Department of Commerce.

NOAA/NMFS/Northeast Fisheries Science Center. NOAA Memorando Técnico NMFS-F/NEC 56.

18. **Liebhart W.C., Golt C. e Tupin J., 1979**. Concentrações de nitrato e amónio de águas subterrâneas resultantes de aplicações de estrume de aves de capoeira. J Environ Qual, 8, 211-215.

19. **Mahamat et al. J. Appl. Biosci. 2015**. Evaluation de la qualitd physico-chimique des eaux d'adduction publique de la Socidtd Tchadienne des Eaux a N'djamena au Tchad.p8978.

20. **Nambatingar Ngaram**. Contribution a l'dtude analytique des polluants (en particulier de type mdtaux lourds) dans les eaux du fleuve Chari lors de sa traversde de la ville de N'Djamena. P51.Chimie analytique. Universitd Claude Bernard - Lyon I, 2011. Frangais. < NNT : 2011LYO10358.

21. **Pitts R.F., 1971**. O papel da produção e excreção de amoníaco na regulação do equilíbrio ácido-base. N Engl J Med, 284, 32-38.

22. **Rashed MN. 2001**. Monitorização de metais pesados ambientais em peixes do Lago Nasser, Egipto. *Environment International,* **27**: 27-33.

23. **Salvatore F., Bocchinti V. e Cimino F., 1963**. Intoxicação por amónia e os seus efeitos nos níveis de brainammonia. Biochem Pharmacol, 12, 1-6.

24. **Summerskill W.H.J. e Wolpert E., 1970**. Metabolismo da amónia no intestino. Am J Clin Nutr, 23, 5,633-639.

25. **Sibel Yigit, Ahmet Altindag. 2006**. A concentração de metais pesados na teia alimentar do Lago Egirdir, Turquia. *Journal of Environmental Biology,* **27**(3): 475-478.

26. **Timothy G. Ellis**. Environmental And Ecological Chemistry.P1.Vol. II - Chemistry of Wastewater. Departamento de Engenharia Civil, Construção e Ambiente, Universidade Estatal de Iowa, Ames, Iowa, EUA.

27. **Tulokhonova, A. e O. Ulanova**, Assessment of municipal solid waste management scenarios in Irkutsk (Russia) using a life cycle assessment-integrated waste management model. Waste Manag Res, 2013. 31(5): p. 475-84.

28. **Organização Mundial de Saúde (OMS)**, Gestão segura dos resíduos das actividades de saúde. 2ª ed. 2014, Genebra, Suíça: Imprensa da OMS

Printed by Books on Demand GmbH, Norderstedt / Germany